掌控Python
人工智能之语音识别

程 晨◎编著

科学出版社
北 京

内 容 简 介

本书围绕人工智能领域重要的语音识别技术，面向有一定Python基础的读者讲解语音识别的原理、技术发展和实现方法。

本书共6章，主要内容包括语音识别概述、音频文件的可视化、人工智能和机器学习、语音转换为文本、语音反馈与交互、语音助手。

本书案例丰富、代码规范，适合作为有一定Python基础而想要学习语音识别内容的读者的进阶参考书，还可用作青少年编程、中小学生人工智能教育的教材。

图书在版编目（CIP）数据

掌控Python.人工智能之语音识别/程晨编著.—北京：科学出版社，2022.7

ISBN 978-7-03-072105-1

Ⅰ.①掌… Ⅱ.①程… Ⅲ.①软件工具-程序设计 Ⅳ.①TP311.561

中国版本图书馆CIP数据核字（2022）第065344号

责任编辑：孙力维 杨 凯/责任制作：魏 谨

责任印制：师艳茹/封面设计：张 凌

北京东方科龙图文有限公司 制作

http：//www.okbook.com.cn

科 学 出 版 社 出版

北京东黄城根北街16号

邮政编码：100717

http：//www.sciencep.com

北京九天鸿程印刷有限责任公司 印刷

科学出版社发行各地新华书店经销

*

2022年7月第 一 版　　开本：787×1092 1/16

2022年7月第一次印刷　　印张：10

字数：180 000

定价：68.00元

（如有印装质量问题，我社负责调换）

前言

国务院印发的《新一代人工智能发展规划》明确指出人工智能已成为国际竞争的新焦点，应实施全民智能教育项目，在中小学阶段设置人工智能相关课程，逐步推广编程教育，建设人工智能学科，重视复合型人才培养，形成我国人工智能人才高地。世界主要发达国家都把发展人工智能作为提升国家竞争力、维护国家安全的重大战略。而在人工智能的学习当中，Python的地位举足轻重。

Python是一种解释型、面向对象、动态数据类型的高级程序设计语言。它具有丰富的强大的库，能够把用其他语言制作的各种模块（尤其是C/C++）很轻松地联结在一起。Python可以在多种主流平台上运行，现在有很多领域都采用Python进行编程，业内几乎所有大中型互联网企业都在使用Python。

为了更好地介绍语音识别的相关知识，本人编写了这本书。学习本书的内容需要先掌握一些Python的基础知识，大家可以先阅读系列书籍中的《掌控Python 初学者指南》，然后再通过本书学习语音识别的内容。

读者对象

本书是一本Python进阶的书籍，针对具有一定Python基础而想要学习语音识别内容的读者，本书不要求读者具有人工智能与机器学习的相关经验，但必须有一定的Python基础。

主要内容

第1章整体介绍语音识别的发展和基本原理。

第2章介绍音频文件的可视化处理，可视化处理是语音识别的基础。

第3章介绍人工智能和机器学习的基础知识，完成一个简单的神经网络。

第4章到第6章是具体的语音识别应用。除了在计算机端完成之外，还在嵌入式系统中实现了具体的语音识别项目。

感谢现在正捧着这本书的您，由于时间仓促，书中难免存在疏漏，诚恳地希望您批评指正，您的意见和建议将是我巨大的财富。

目录

第 1 章　语音识别概述

1.1　语音识别技术 ······ 1
1.2　语音识别技术的发展 ······ 1
1.3　语音识别技术的原理 ······ 3
1.4　录制及播放音频 ······ 6

第 2 章　音频文件的可视化

2.1　NumPy 模块 ······ 12
2.2　Matplotlib 模块 ······ 21
2.3　音频可视化 ······ 33

第 3 章　人工智能和机器学习

3.1　人工智能 ······ 47
3.2　人工神经网络 ······ 49
3.3　监督式学习与非监督式学习 ······ 51
3.4　scikit-learn 模块 ······ 53

第 4 章　语音转换为文本

4.1　帧的处理 ······ 67
4.2　百度语音识别 ······ 71
4.3　录制并识别语音 ······ 79

第 5 章　语音反馈与交互

5.1　语音反馈 ······ 91
5.2　掌控板录音 ······ 117
5.3　掌控板语音识别 ······ 121

第 6 章　语音助手

6.1　本地语音识别模块 ······ 131
6.2　语音唤醒 ······ 143

第1章 语音识别概述

小爱同学、小度小度、天猫精灵、叮咚叮咚……我们身边好像突然就出现了一些可以和我们“聊天”的音箱，图1.1所示为百度智能音箱。

图1.1 百度智能音箱“小度小度”

智能音箱与传统音箱最大的区别就是能够听懂我们的语音，人们通过说话就能与电子设备沟通，实现信息的检索与查找，比如查询天气、设定闹钟、播放音乐等。这其中最关键的就是语音识别技术。

1.1 语音识别技术

语音识别通俗地讲就是将人类语音中的词汇内容转换为计算机可读的输入，让机器知道我们在说什么，这是一门交叉学科，涉及的领域包括信号处理、模式识别、概率论和信息论、发声机理和听觉机理、人工智能，等等。最近几年随着人工智能技术的快速发展，语音识别技术取得显著进步，开始从实验室走向市场。

1.2 语音识别技术的发展

自从机器出现以后，通过语音与机器进行交流一直是科研人员的梦想。应用语音识别技术的第一个装置应该是1952年贝尔研究所Davis等人研发的能识别10个英文数字发音的实验系统。

1960年，英国Denes等人成功研制出第一个计算机语音识别系统。而大规模的语音识别研究是在进入了20世纪70年代以后，在小词汇量、孤立词的识别方面取得了实质性的进展。

20世纪80年代，语音识别技术研究的重点逐渐转向大词汇量、非特定人连续语音识别，包括噪声环境下的语音识别和会话（口语）识别系统。在研究思路上也发生了重大变化，即由传统的基于标准模板匹配的技术思路转向基于统计模型的技术思路。当时出现了两项非常重要的技术：隐马尔可夫模型（HMM：Hidden Markov Model）和N-gram语言模型。此外还提出了将神经网络技术引入语音识别领域的技术思路。20世纪90年代以后，在语音识别的系统框架方面并没有什么重大突破，不过在语音识别技术的应用及产品化方面进展很大。

进入21世纪，随着深度学习的不断发展，神经网络之父Hinton提出深度置信网络（DBN：Deep Belief Networks），2009年，Hinton和学生Mohamed将深度神经网络（DNN：Deep Neural Networks）应用于语音识别，在小词汇量连续语音识别任务TIMIT上获得成功。

中国的语音识别技术研究始于1958年，中国科学院声学研究所利用电子管电路实现了识别10个元音的实验系统。1973年，中国科学院声学研究所开始研究计算机语音识别。由于当时条件的限制，中国的语音识别技术研究工作一直处于缓慢发展的阶段。

20世纪80年代以后，随着计算机应用技术在中国逐渐普及和广泛应用，以及数字信号技术的进一步发展，国内许多单位具备了研究语音识别技术的基本条件。与此同时，国际上语音识别技术在多年沉寂之后重又成为研究的热点，迅速发展。在这种形式下，国内许多单位纷纷投入这项研究工作中。

1986年3月，中国高技术研究发展计划（863计划）启动，语音识别技术作为智能计算机系统研究的一个重要组成部分被专门列为研究课题。在863计划的支持下，中国开始了有组织的语音识别技术的研究，中国的语音识别技术进入了一个前所未有的发展阶段。

1.3 语音识别技术的原理

语音识别系统可以分为：特定人与非特定人的识别、独立词与连续词的识别、小词汇量与大词汇量以及无限词汇量的识别。但无论哪种语音识别系统，其基本原理和处理方法都大体类似。

1.3.1 WAV文件

大家都知道语音（或声音）实际上是一种波，声波经过拾音器（话筒或麦克风）采集后被转换成连续变化的电信号。电信号再经过放大和滤波，然后被电子设备以一个固定的频率进行采样，每个采样值就是当时检测到的电信号幅值。接着电子设备会将采样值由模拟信号量化为由二进制数表示的数字信号。最后是对数字信号编码，并将编码后的内容存储为音频流数据。在计算机应用中，能够达到高保真水平的是PCM（Pulse Code Modulation，脉冲编码调制）编码。编码之后有些应用为了节省存储空间，存储前还会对音频流数据进行压缩，常见的MP3文件就是一种压缩后的音频流数据。

说 明

虽然PCM是数字音频中最佳的保真水平，但并不意味着PCM就和原音频一样毫无失真。PCM只是能做到最大限度的无限接近，但依然是有失真的。

处理音频流数据时，必须是非压缩的纯波形文件。WAV就是最常见的无压缩声音文件格式之一（也是采用PCM编码），是微软公司专门为Windows操作系统开发的一种标准数字音频文件，最早于1991年8月出现在Windows3.1操作系统上。WAV文件里存储的内容除了一个文件头以外，就是声音波形的采样点。WAV文件能记录各种单声道或立体声的声音信息，并且能保证声音不失真。不过相比于MP3文件，WAV文件非常大。一般来说，由WAV文件还原的声音的音质取决于声音采样样本的多少（即采样频率的高低），采样频率越高，音质就越好，但WAV文件也就越大。

一个WAV文件的参数包括采样频率、采样精度和声道数，这几个参数介绍如下。

（1）采样频率：每秒钟采集音频数据的次数。采样频率越高，音频保真度越高。常用的采样频率包括11025Hz、22050Hz、44100Hz和48000Hz四种，其中，11025Hz的采样频率相当于电话声音的效果；22050Hz的采样频率相当于FM调频广播的效果；44100Hz的采样频率相当于CD声音的效果。

（2）采样精度：这是用来衡量声音波动变化的参数，也是声卡的分辨率。它的数值越大，声卡的分辨率就越高。目前计算机配置的16位声卡的采样精度包括8位和16位两种。一般讲话以8位11.025kHz采样就能较好地还原。

（3）声道数：有单声道和立体声之分，单声道的声音只能使一个喇叭发声（有的声卡会将单声道信息处理成两个喇叭同时输出），立体声的声音可以使两个喇叭都发声（一般左右声道各有分工），这样更能感受到音频信息的空间效果。显然，立体声数据还原特性更接近人们的听力习惯，但采集的数据量会增加1倍。

1.3.2　声学特征提取

有了数字化的音频文件之后，语音识别的第二步是进行声学特征提取。这是语音识别最重要的一环。提取的特征参数必须满足以下要求：

（1）提取的特征参数能有效代表语音特征，具有很好的区分性。

（2）各阶参数之间有良好的独立性。

（3）特征参数要计算方便，最好有高效的算法，以保证语音识别的实时实现。

简单来说，声学特征提取的过程如下：

首先在语音识别之前，通常先把首尾端的静音切除，降低对后续步骤造成的干扰。

其次对声音分帧，也就是把声音切成一小段一小段，每小段称为一帧。分帧操作不是简单地切开，而是通过移动窗函数来实现。帧与帧之间一般是有交叠的。对于典型的语音识别任务，推荐一帧的时间为20～30ms。在这段时间内，人类最多只能说一个音素（根据语音的自然属性划分出来的最小语音单位）。帧与帧之间的重叠率可以根据需要在25%～75%之间选择，通常来说，设置为50%。

分帧后，语音就变成了很多小段。不过波形在时域上几乎没有描述能力，因此，必须对波形进行变换。常见的一种变换方法是提取MFCC（Mel-Frequency Cepstral Coefficients，梅尔频率倒谱系数）特征。梅尔频率是基于人耳听觉特性提出来的，它与赫兹频率成非线性对应关系。梅尔频率倒谱系数（MFCC）则是利用它们之间的这种关系，计算得到的赫兹频谱特征。经过变换，每一帧波形会变成一个多维向量，可以简单地理解为这个向量包含了这帧语音的内容信息。实际应用中，变换又分为预加重、分帧、加窗、快速傅里叶变换（FFT：Fast Fourier Transform）、梅尔滤波器组、离散余弦变换（DCT：Discrete Cosine Transform）等几个步骤，而声学特征也不是只有MFCC这一种。

1.3.3 匹配识别

提取音频的声学特征之后，语音识别的最后一步就是通过训练好的模型将这些特征进行分类，进而依据判定准则找出最佳匹配结果。

声学模型是语音识别系统中非常重要的一个组件，对不同基本单元的区分能力直接关系到识别结果。语音识别本质上是一个模式识别的过程，而模式识别的核心是分类器和分类决策的问题。

通常，在孤立词、中小词汇量识别中使用动态时间规整（DTW：Dynamic Time Warping）分类器会有良好的识别效果，并且识别速度快，系统开销小，是语音识别中很成功的匹配算法。但是，在大词汇量、非特定人语音识别的时候，DTW识别效果就会急剧下降，这时候使用隐马尔可夫模型（HMM）进行训练识别效果会有明显提升，由于在传统语音识别中一般采用连续的高斯混合模型（GMM：Gaussian Mixture Model）对状态输出密度函数进行刻画，因此又称为GMM-HMM构架。不过随着人工智能（尤其是深度学习）的发展，通过深度神经网络（DNN）来完成声学建模，形成所谓的DNN-HMM构架来取代传统的GMM-HMM构架，在语音识别上也取得了很好的效果。

1.4　录制及播放音频

编写Python代码实现录制和播放音频，需要用到wave模块和PyAudio模块。

1.4.1　wave模块

wave模块是Python标准库中的模块，它提供了一个处理WAV声音格式文件的接口，让用户可以读写、分析及创建WAV文件。它不支持压缩/解压，但是支持单声道/立体声。

如果希望打开一个WAV文件，可以使用wave模块中的函数

```
wave.open(file, mode = None)
```

· 第一个参数file是一个字符串，表示要打开的WAV文件的路径以及文件名。

· 第二个参数mode表示文件的读写模式，如果是rb表示只读模式，返回一个Wave_read对象，如果是wb表示只写模式，返回一个Wave_write对象。

> **说　明**
>
> 打开WAV文件是不支持同时读写的。

对于Wave_read对象来说，其包含以下方法：

（1）Wave_read.close()，关闭打开的数据流并使对象不可用。当对象销毁时会自动调用。

（2）Wave_read.getnchannels()，返回声道数，1为单声道，2为立体声。

（3）Wave_read.getsampwidth()，返回采样字节长度。

（4）Wave_read.getframerate()，返回采样频率。

（5）Wave_read.getnframes()，返回音频总帧数。

（6）Wave_read.getcomptype()，返回压缩类型（只支持None类型，表示未压缩）。

（7）Wave_read.getparams()，返回音频的参数，返回值是一个由nchannels、sampwidth、framerate、nframes、comptype、compname组成的元组。

（8）Wave_read.readframes(n)，读取并返回*n*个帧的语音数据。

（9）Wave_read.rewind()，回到语音数据流的开头。

对于Wave_write对象来说，包含以下的方法：

（1）Wave_write.close()，关闭打开的数据流并使对象不可用。当对象销毁时会自动调用。

（2）Wave_write.setnchannels(n)，设置声道数，1为单声道，2为立体声。

（3）Wave_write.setframerate(n)，设置采样频率。

（4）Wave_write.setsampwidth(n)，设置采样字节长度。

（5）Wave_write.writeframesraw(data)，写入语音数据帧，但是没有文件表头。

（6）Wave_write.writeframes(data)，写入语音数据帧及文件表头。

1.4.2 PyAudio模块

相比wave模块而言，PyAudio模块是由第三方提供的模块，使用之前需要先安装。PyAudio模块是一个跨平台的音频I/O模块，可以在Linux、Windows、Android和Mac OS操作系统上运行。本书介绍两种安装模块的方式，一种方式是在安装官网的Python IDLE之后通过pip工具来安装，另一种方式是通过其他编程平台安装。这里我们先采用第一种方式。

pip是Python包管理工具，该工具提供了对Python模块的查找、下载、安装及卸载功能。Python 3.4以上版本都自带pip工具。在Windows操作系统中使用pip工具安装第三方模块的方法是打开cmd命令行工具，在其中输入pip install并加上对应的模块名称。如果安装PyAudio模块则输入以下命令：

```
pip install PyAudio
```

PyAudio模块安装界面如图1.2所示。

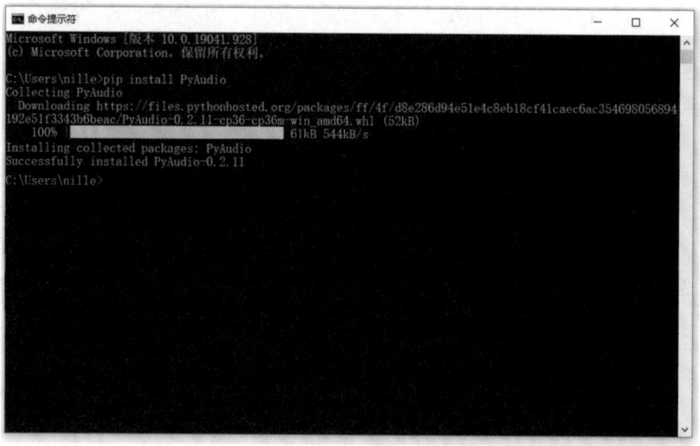

```
命令提示符
Microsoft Windows [版本 10.0.19041.928]
(c) Microsoft Corporation。保留所有权利。

C:\Users\nille>pip install PyAudio
Collecting PyAudio
  Downloading https://files.pythonhosted.org/packages/ff/4f/d8e286d94e51e4c8eb18cf41caec6ac354698056894
192e51f3343b6beac/PyAudio-0.2.11-cp36-cp36m-win_amd64.whl (52kB)
    100% |████████████████████████████████| 61kB 544kB/s
Installing collected packages: PyAudio
Successfully installed PyAudio-0.2.11

C:\Users\nille>
```

图1.2　PyAudio模块安装界面

界面中有一个安装进度条，等待进度条完成即可。要测试是否安装正确，可以打开Python的IDLE编辑器，在其中输入import pyaudio，如果回车之后没有报错就说明一切正常，操作如下：

```
>>> import pyaudio
>>>
```

PyAudio模块包含两个类：PyAudio类和Stream类，如果要使用PyAudio模块，首先要使用pyaudio.PyAudio()方法生成一个实例化对象。

如果要录制或播放音频，则先要使用PyAudio.PyAudio.open()方法打开一个数据流，这里需要设定一系列的参数，包括采样频率、采样精度和声道数等。该方法返回的是一个Stream类的对象。

如果要播放音频，则使用PyAudio.Stream.write()方法将音频数据写入Stream类的对象；如果是要录制音频，则使用PyAudio.Stream.read()方法将Stream类的对象中的数据读出来。

当不需要录制或播放音频时，可使用PyAudio.Stream.stop_stream()方法停止数据流，并使用PyAudio.Stream.close()方法关闭数据流。

最后使用PyAudio.PyAudio.terminate()方法终止对象的操作。

1.4.3 录制音频

了解了PyAudio模块使用的流程之后，下面来实现一个录制音频的例子，在Python的IDLE编辑器中输入以下代码：

```
import pyaudio
import wave

#一次读取数据流的数据量，避免一次性的数据量太大
CHUNK = 1024

#采样精度
FORMAT = pyaudio.paInt16

#声道数
CHANNELS = 1

#采样频率
RATE = 11025

#录音时长，单位秒
RECORD_SECONDS = 2

p = pyaudio.PyAudio()

stream = p.open(format = FORMAT,
                channels = CHANNELS,
                rate = RATE,
                input = True,
                frames_per_buffer = CHUNK)

#录音开始
print(" *  recording")

frames = []

for i in range(0, int(RATE / CHUNK * RECORD_SECONDS)):
  data = stream.read(CHUNK)
  frames.append(data)

#录音结束
print(" *  finish")
```

```
stream.stop_stream()
stream.close()
p.terminate()

wf = wave.open("output.wav", 'wb')
wf.setnchannels(CHANNELS)
wf.setsampwidth(p.get_sample_size(FORMAT))
wf.setframerate(RATE)
wf.writeframes(b''.join(frames))
wf.close()
```

这段程序中，首先导入PyAudio和wave两个模块，接着定义一些变量用来保存之后要用到的参数，包括采样频率、采样精度和声道数等。

然后准备开始录音。先使用pyaudio.PyAudio()方法生成一个实例化对象p，接着使用对象的open()方法打开一个数据流并将方法的返回值赋值给变量stream，这里注意input参数要设置为True。

开始录音后通过一个for循环不断将数据流中的数据添加到数组变量frames中。

当不需要录制音频时，使用对象stream的stop_stream()方法停止数据流，使用close()方法关闭数据流，并使用对象p的terminate()方法终止对象的操作，这样录音就完成了。

最后将变量frames中的内容保存在WAV文件中，这就需要用到wave模块中的对象和方法了。这里是将音频数据保存在文件output.wav中。

将以上代码保存为.py文件。之后运行程序时就会在Python的IDLE编辑器中显示信息“*recording”，表示开始录音了，此时我们可以对着计算机说一些简短的语句。由于程序中设定的录音时间为2秒，所以2秒之后，录音会停止，同时在IDLE中会显示信息“*finish”，表示录音完成。

程序运行完成后，会在.py文件相同的文件夹下出现一个output.wav文件，如果想听一下这个音频文件的内容则可以通过计算机系统自带的播放器播放。

1.4.4　播放音频

相对于录音，播放音频的过程要相对简单一些。下面就是一个播放音频的例子，在Python的IDLE编辑器中输入以下代码：

```
import pyaudio
import wave

CHUNK = 1024

wf = wave.open("output.wav",'rb')
p = pyaudio.PyAudio()

stream = p.open(format = p.get_format_from_width(wf.getsampwidth()),
                channels = wf.getnchannels(),
                rate = wf.getframerate(),
                output = True)
while True:
  data = wf.readframes(CHUNK)
  if data == b"":break
  stream.write(data)

stream.close()
p.terminate()
```

这段程序中，依然首先导入PyAudio和wave两个模块。

然后打开要播放的音频文件，这里是output.wav。

播放音频还是先使用pyaudio.PyAudio()方法生成一个实例化对象p，接着使用对象的open()方法打开一个数据流，并将方法的返回值赋值给变量stream，这里注意open()方法的参数都是通过wave模块的对象和方法获取的，同时注意output参数要设置为True。

播放音频是在一个while循环中，不断通过wave模块中Wave_read对象的readframes()方法和PyAudio模块中Stream类的write()方法将音频文件的数据写入Stream类的对象。当读取的音频数据为空时表示音频已经结束，此时通过break跳出循环。

最后使用对象stream的close()方法关闭数据流，并使用对象p的terminate()方法终止对象的操作，这样播放音频的操作就完成了。

将以上代码保存为.py文件，之后运行程序时就会听到刚才录制的音频。

第2章 音频文件的可视化

在上一章我们简单介绍了语音识别的原理，同时通过Python代码实现了音频文件的录制与播放。将音频信息数字化实际上是语音识别的第一步，数字化之后的音频信息更方便处理，同时数字化之后的音频信息还可以通过图像可视化地表现出来，本章我们就来尝试将音频文件通过图表或图像可视化地展示出来。

2.1 NumPy模块

数字化之后的音频信息数据量较大，为了实现音频文件可视化，我们需要额外安装两个模块。第一个模块是NumPy（Numerical Python），NumPy模块是Python一个运行速度非常快的数学库，提供了线性代数、傅里叶变换、随机数生成等功能，虽然Python本身包含列表、数组等数据结构用来处理数据，但对于大量的数据操作，还是使用NumPy模块更方便。

2.1.1 安装NumPy模块

Python列表中的元素可以是任意类型，列表中保存的是元素的指针，因此为了保存一个列表，实际上需要保存列表元素本身以及对应元素的指针。对于数值运算来说，这样的结构显然比较浪费内存和CPU的计算时间；而对于数组来说，由于没有丰富的运算函数，也不适合进行大量的数据操作。

NumPy模块针对上面的问题提供了两种基本的对象：ndarray（N-dimensional array object）和ufunc（universal function object）。ndarray是存储单一数据类型的多维数组，而ufunc是能够对数组进行处理的函数。

要使用NumPy模块需要先安装。同样可以使用pip工具来安装，打开cmd命令行工具，在其中输入以下命令：

```
pip install numpy
```

安装过程和安装PyAudio模块类似，这里就不做过多的说明了。这次我们来看看如何通过其他编程平台安装模块，我们选择的是盛思的mPython编程平台。

说 明

mPython是由盛思科教推出的一款面向信息技术新课标的软硬件结合的Python教学编程平台。

在mPython的界面中，首先点击图2.1左上角方框的位置，将编程界面切换为Python 3.6。

图2.1 将编程界面切换为Python 3.6

Python 3.6这个界面很简单，左边是文件管理区，中间是代码区，右边是终端以及调试控制台。注意在Python 3.6的编程界面还有图形化编程形式，是将Python代码换成了指令积木的形式。要注意图形化的指令积木能转换为Python代码，但Python代码无法转换为指令积木。

在Python 3.6的编程界面中如果要安装第三方库，则点击界面上方右侧的“Python库管理”按钮。此时会弹出一个Python库的列表对话框，如图2.2所示。

对话框中列出了常用的第三方库，按照库所实现的功能可分为人工智能、数据计算、游戏、爬虫、数据处理等。可以通过左侧的分类列表来选择对应种类的第三方库。

图2.2　点击“Python库管理”按钮之后弹出对话框

选中分类之后，右侧区域会出现对应库的名称与介绍。如果要安装一个具体的库，只需要点击对应的“安装”按钮即可。

在安装之前，还可以选择库文件存放的镜像位置，只需要点击对话框右上角的下拉菜单即可，如图2.3所示。

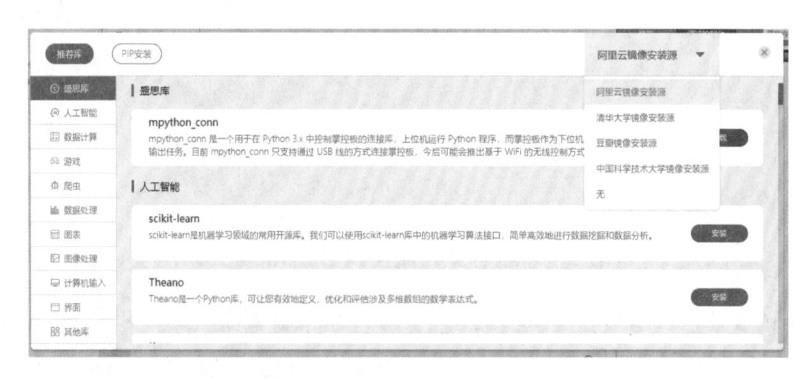

图2.3　选择库文件存放的镜像位置

这里我们要安装的NumPy模块在“数据计算”分类中，找到对应的模块，点击后面的“安装”按钮，安装完成之后如图2.4所示。

已经安装的库，对应后面的按钮会变成红色的“卸载”按钮。要测试是否安装正确，可以类似地在mPython的“终端”（相当于是Python的IDLE编辑器）中输入`import numpy`，如果回车之后没有报错那就说明一切正常。

图2.4　安装NumPy模块

2.1.2　创建ndarray数组

模块安装好之后，我们先来熟悉一下NumPy模块。

NumPy模块的前身Numeric最早是由Jim Hugunin与其他协作者共同开发的。2005年，Travis Oliphant在Numeric中结合了另一个同性质程序库Numarray的特色，同时加入一些其他扩展开发了NumPy模块。Numpy模块封装了一个新的对象ndarray，这个对象封装了很多常用的数学运算函数，方便我们进行数据处理和分析。

如果想用NumPy模块创建一个ndarray数组需要用到array函数。函数接收Python的列表作为参数，生成一个NumPy模块的数组，操作如下：

```
>>> import numpy
>>> x = numpy.array([1,3,6,2])
>>> print(x)
[1 3 6 2]
>>> x = numpy.array([[128,64],[255,32]])
>>> print(x)
[[128  64]
 [255  32]]
>>> x.shape
(2, 2)
>>>
```

在上述程序中创建了一个一维数组和一个二维数组。

在实际应用中，有时需要创建由随机数组成的ndarray数组，这就需要利用NumPy模块中的对象random，该对象包含了多种方法，比如random方法生成0到1之间的随机数；randint方法生成一个在一定范围内的随机整数；uniform方法生成均匀分布的随机数；randn方法生成标准正态的随机数；normal方法生成正态分布；shuffle方法随机打乱顺序；seed方法设置随机数的种子等。下面我们通过一些例子来说明这些方法。

```
>>> import numpy
>>> y = numpy.random.random([3,3])
>>> print(y)
[[0.95601442 0.00332317 0.07801162]
 [0.11842056 0.04824211 0.13739646]
 [0.89695657 0.26919673 0.70051692]]
>>> numpy.random.seed(11)
>>> y = numpy.random.randn(3,3)
>>> print(y)
[[ 1.74945474 -0.286073   -0.48456513]
 [-2.65331856 -0.00828463 -0.31963136]
 [-0.53662936  0.31540267  0.42105072]]
>>> numpy.random.shuffle(y)
>>> print(y)
[[-0.53662936  0.31540267  0.42105072]
 [-2.65331856 -0.00828463 -0.31963136]
 [ 1.74945474 -0.286073   -0.48456513]]
>>>
```

这里首先生成一个3×3大小的0到1的随机数，然后重新设置随机数的种子并生成一个标准正态的随机数，最后将这些随机数随机打乱顺序。

arange函数也是常用的创建ndarray数组的函数，其格式为

```
numpy.arange(start, stop, step, dtype = None)
```

- start表示开始数字，可选项，默认起始值为0。
- stop表示停止数字。
- step表示步长，可选项，默认步长为1，如果指定了step，则必须给出start。

· dtype表示输出数组的类型。如果未给出dtype，则需要从其他输入参数推断数据类型。

使用arange函数会根据参数start，stop和step生成一个数组。使用arange函数创建ndarray数组的操作如下所示：

```
>>> import numpy
>>> x = numpy.arange(10)
>>> print(x)
[0 1 2 3 4 5 6 7 8 9]
>>> x = numpy.arange(2,10)
>>> print(x)
[2 3 4 5 6 7 8 9]
>>> x = numpy.arange(1,10,2)
>>> print(x)
[1 3 5 7 9]
>>> x = numpy.arange(1,10,0.5)
>>> print(x)
[1.  1.5 2.  2.5 3.  3.5 4.  4.5 5.  5.5 6.  6.5 7.  7.5 8.  8.5 9.  9.5]
>>>
```

ndarray数组的创建除了可以使用array函数和arange函数之外，还可以通过以下几种方式来创建。

（1）numpy.empty()函数。使用该函数能够创建一个指定大小（shape）和数据类型（dtype）但未初始化的数组，函数需要两个参数，第一个参数为数组的大小，第二个参数是可选的，表示数据类型，默认为浮点型。

（2）numpy.zeros()函数。使用该函数能够创建一个指定大小的数组，数组以0来填充，函数也需要两个参数，第一个参数为数组的大小，第二个参数是可选的，表示数据类型，默认为浮点型。

（3）numpy.ones()函数。该函数与numpy.zeros()函数类似，不同的是数组以1来填充。

2.1.3 ndarray数组的运算

数组和数组之间也可以使用加减乘除运算符，不过要注意，进行加减乘除运算时两个数组的结构要一致，如果数组元素个数不同，程序就会报错。

```
>>> x = numpy.array([[128,64],[255,32]])
```

```
>>> y = numpy.array([[2,4],[8,1]])
>>> x + y
array([[130, 68],
       [263, 33]])
>>> x - y
array([[126, 60],
       [247, 31]])
>>> x * y
array([[ 256, 256],
       [2040,  32]])
>>> x / y
array([[64. , 16. ],
       [31.875, 32. ]])
>>>
```

使用NumPy模块会让矢量和矩阵计算非常容易。例如，将NumPy数组乘以3可使每个元素扩大3倍。而要进行转置，则可以通过引用数组的T属性来完成，示例操作如下所示：

```
>>> y = y * 3
>>> print(y)
[[ 6 12]
 [24  3]]
>>> print(y.T)
[[ 6 24]
 [12  3]]
>>>
```

说　明

单一数值与数组不一样，单一数值称为标量。

要计算向量的内积和矩阵的乘积，可以使用dot函数。向量的内积是每个元素的乘积之和。而矩阵的乘积，则是将水平行和垂直列相同顺序的元素乘积相加，操作示例如下：

```
>>> import numpy
>>> x = numpy.array([1,2,3])
>>> y = numpy.array([3,4,5])
>>> print(numpy.dot(x,y))
```

```
26
>>> x = numpy.array([[1,2],[3,4]])
>>> y = numpy.array([[5,6],[7,8]])
>>> print(numpy.dot(x,y))
[[19 22]
 [43 50]]
>>>
```

dot函数中第一个参数是从左边参与运算的向量或矩阵，第二个参数是从右边参与运算的向量或矩阵。这里前面两个向量内积的值为$1 \times 3 + 2 \times 4 + 3 \times 5$，即“26”，而两个矩阵的乘积为$[1 \times 5 + 2 \times 7, 1 \times 6 + 2 \times 8], [3 \times 5 + 4 \times 7, 3 \times 6 + 4 \times 8]$。

使用mean函数可以计算数组的平均值，使用std函数可以计算标准偏差，操作示例如下：

```
>>> import numpy
>>> r = numpy.random.randint(0,10,10)
>>> print(r)
[5 0 4 3 6 9 7 5 2 6]
>>> print(numpy.mean(r))
4.7
>>> print(numpy.std(r))
2.4515301344262523
>>>
```

这里利用NumPy模块中的random.randint函数创建一个从0到9的随机数组。第一个参数是下限（包括此数字），第二个参数是上限（不包括此数字），第三个参数是元素个数。

使用diag函数能够以一维数组的方式返回矩阵的对角线元素，操作示例如下：

```
>>> import numpy
>>> y = numpy.array([[1,2,3],[4,5,6],[7,8,9]])
>>> print(y)
[[1 2 3]
 [4 5 6]
 [7 8 9]]
>>> print(numpy.diag(y))
[1 5 9]
>>>
```

2.1.4　数组的合并与展平

对于ndarray数组的常用操作还有多个向量或矩阵按某个轴方向上的合并，以及将矩阵变成一维数组。

合并一维数组和合并二维数组的操作如下所示：

```
>>> import numpy
>>> x = numpy.array([1,2,3])
>>> y = numpy.array([4,5,6,7])
>>> z = numpy.append(x,y)
>>> print(z)
[1 2 3 4 5 6 7]
>>> '也可以通过concatenate函数进行一维数组的合并'
'也可以通过concatenate函数进行一维数组的合并'
>>> a = numpy.concatenate([x,y])
>>> print(a)
[1 2 3 4 5 6 7]
>>>
>>> x = numpy.array([[1,2],[3,4]])
>>> y = numpy.array([[5,6],[7,8]])
>>> '按行合并'
'按行合并'
>>> z = numpy.append(x,y,axis = 0)
>>> print(z)
[[1 2]
 [3 4]
 [5 6]
 [7 8]]
>>> '按列合并'
'按列合并'
>>> z = numpy.append(x,y,axis = 1)
>>> print(z)
[[1 2 5 6]
 [3 4 7 8]]
>>>
```

而将矩阵变成一维数组的操作如下所示：

```
>>> import numpy
>>> x = numpy.array([[1,2,3],[4,5,6],[7,8,9]])
>>> print(x)
[[1 2 3]
```

```
 [4 5 6]
 [7 8 9]]
>>> '列优先展平'
'列优先展平'
>>> print(x.ravel('F'))
[1 4 7 2 5 8 3 6 9]
>>> '行优先展平'
'行优先展平'
>>> print(x.ravel())
[1 2 3 4 5 6 7 8 9]
>>>
```

2.2 Matplotlib模块

我们要安装的第二个模块是Matplotlib模块，Matplotlib是Python最著名的绘图库，它提供了一整套和MATLAB相似的API，十分适合交互式制图。而且也可以方便地将它作为绘图控件，嵌入应用程序中。

说　明

MATLAB是美国MathWorks公司出品的商业数学软件，用于数据分析、无线通信、深度学习、图像处理与计算机视觉、信号处理、量化金融与风险管理、机器人、控制系统等领域，是数据绘图领域广泛使用的语言和工具。

MATLAB是matrix&laboratory两个词的组合，意为矩阵工厂（矩阵实验室），软件主要面对科学计算、可视化以及交互式程序设计的高科技计算环境。它将数值分析、矩阵计算、科学数据可视化以及非线性动态系统的建模和仿真等诸多强大功能集成在一个易于使用的视窗环境中，为科学研究、工程设计以及必须进行有效数值计算的众多科学领域提供了一种全面的解决方案，并且在很大程度上摆脱了传统非交互式程序设计语言（如C、Fortran）的编辑模式。

2.2.1 安装Matplotlib模块

Matplotlib模块功能完善，在matplotlib.pyplot模块中有一套完全仿照MATLAB的函数形式的绘图接口。这套绘图接口能方便MATLAB用户过渡到使用matplotlib模块。对于常见的坐标系，如笛卡儿坐标系、极坐标系、球坐标系等也都能够很好地支持。

要使用matplotlib模块同样需要先安装，在cmd命令行工具中输入

```
pip install -U matplotlib
```

安装matplotlib模块时还会下载其他相关联的模块，因此看上去内容比较多，如图2.5所示。

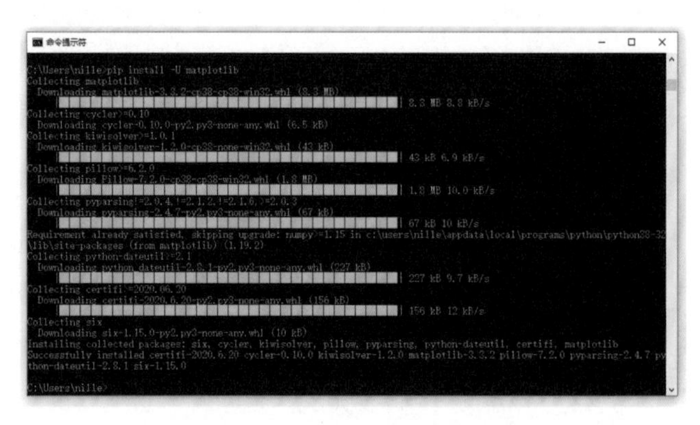

图2.5　安装matplotlib模块

说　明

（1）-U表示升级，不带U不会装新版本，带上U会更新到最新版本。

（2）在mPython中安装matplotlib模块的方法与安装NumPy模块的方法类似，对应的matplotlib模块在“图表”分类中。

2.2.2　绘图常用函数

matplotlib.pyplot模块可以理解为绘制各类可视化图形的命令子库，其中包含很多的函数，方便绘制曲线图、直方图、散点图、柱状图、等高图等。下面介绍常用的绘图函数。

（1）显示绘制图像的函数。

```
matplotlib.pyplot.show()
```

要显示绘制的图像必须调用这个函数。

（2）绘制曲线图的函数。

```
matplotlib.pyplot.plot(x, y, format_string, **kwargs)
```

· x为*x*轴数据，可选。

· y为*y*轴的数据。

· format_string为控制曲线的格式字符串，可选。

· **kwargs为第二组或更多的（x, y, format_string）。

注意，当绘制多条曲线时，各条曲线的x不能省略。

format_string由颜色字符（见表2.1）、风格字符（见表2.2）和标记字符（见表2.3）组成。

表2.1 格式字符串中的颜色字符

颜色字符	颜 色	说 明
'b'	blue	蓝色
'm'	magenta	洋红
'g'	green	绿色
'y'	yellow	黄色
'r'	red	红色
'k'	black	黑色
'w'	white	白色
'c'	cyan	青色
'#008000'		RGB颜色
'0.8'		灰度值

表2.2 格式字符串中的风格字符

风格字符	样 式	说 明
'-'	solid	实线
'--'	dashed	破折线
'-.'	dash-dot	点划线
':'	dotted	虚线
' '		无线条

表2.3 格式字符串中的标记字符

标记字符	说 明	标记字符	说 明
'.'	点标记	'v'	倒三角标记
'H'	横六边形标记	'^'	上三角标记

续表2.3

标记字符	说　明	标记字符	说　明
'h'	竖六边形标记	'>'	右三角标记
','	像素标记	'<'	左三角标记
'D'	菱形标记	'1'	下花三角标记
'd'	瘦菱形标记	'2'	上花三角标记
's'	实心方形标记	'3'	左花三角标记
'p'	实心五角标记	'4'	右花三角标记
'o'	实心圈标记	' * '	星形标记
'x'	x标记	'|'	垂直线标记
'+'	十字标记	'_'	水平线标记

绘制曲线图的示例如下所示：

```
import matplotlib.pyplot as plt
import numpy

a = numpy.arange(10);

plt.plot(a, a * 2, 'ro-', a, a * 3, 'cx', a, a * 4, 'b * -.');
plt.show();
```

这里我们绘制3条直线，第一条直线的x和y分别为a和a*2，颜色为r红色，样式为实线，标记为实心圈；第二条直线的x和y分别为a和a*3，颜色为c青色，样式为无线条，标记为x标记；第三条直线的x和y分别为a和a*4，颜色为b蓝色，样式为点划线，标记为星形。对于格式字符串format_string来说，'ro-'和'o-r'是一样的，其中的字符不分先后顺序，如果不想缩写，还可以分别定义每个格式，比如写成color='red', linestyle='solid', marker='o'。

最后显示的曲线如图2.6所示。

说　明

这是一个新打开的窗口，窗口中还有一些操作的按钮可以缩放显示以及更改格式。

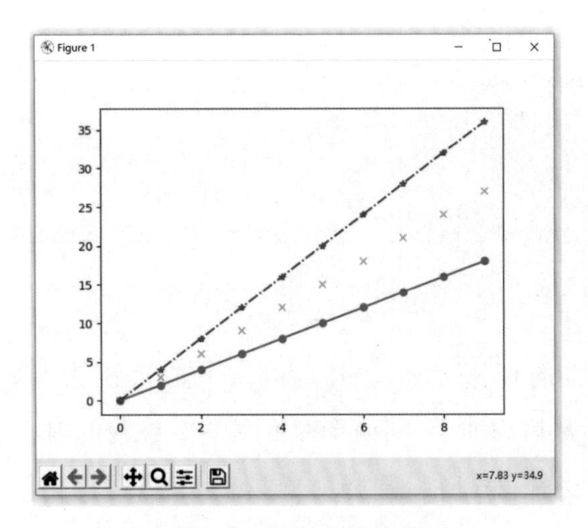

图2.6 绘制曲线示例

（3）设置x轴标签和y轴标签。

```
matplotlib.pyplot.xlabel()
matplotlib.pyplot.ylabel()
```

（4）设置标题。

```
matplotlib.pyplot.title()
```

（5）增加带箭头的注解。

```
matplotlib.pyplot.annotate(s,xy = arrow_crd,xytext = text_crd,
                           arrowprops = dict)
```

- s表示要注解的字符串是什么。
- xy对应箭头所在的位置。
- xytext对应文本所在位置。
- arrowprops定义显示的属性。

如果在上一个示例中添加标题、x轴标签、y轴标签以及带箭头的注释，则对应代码如下：

```
import matplotlib.pyplot as plt
import numpy

a = numpy.arange(10);

plt.plot(a, a * 2, 'ro-', a, a * 3, 'cx', a, a * 4, 'b * -.');
```

```
plt.xlabel('time')
plt.ylabel('frequency')
plt.title('audio')

plt.annotate ('y = x * 2', xy = (2, 1), xytext = (3, 1),
              arrowprops = dict(facecolor = 'black', shrink = 0.1, width = 2))

plt.show();
```

这里我们添加的标题为'audio'，*x*轴标签为'time'，*y*轴标签为'frequency'，最后添加了一个带箭头的注释，注释的内容是'y = x * 2'。

最后显示的内容如图2.7所示。

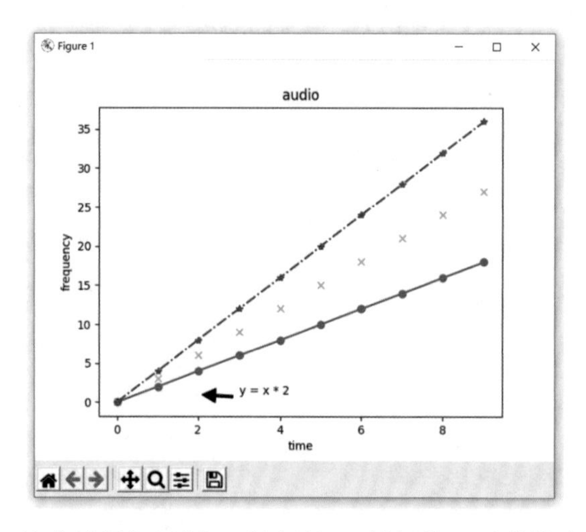

图2.7　给曲线添加标题、*x*轴标签、*y*轴标签以及带箭头的注释

（6）绘制散点图的函数。

```
matplotlib.pyplot.scatter(x, y, s, color, alpha)
```

- x为*x*轴数据。
- y为*y*轴的数据。
- s为点的大小，可选。
- color为点的颜色，可选。
- alpha为点的透明度，可选。

绘制散点图的示例如下所示：

```
import matplotlib.pyplot as plt
```

```
import numpy

x = numpy.random.normal(0,1,500)
y = numpy.random.normal(0,1,500)
plt.scatter(x,y,s = 50,color = 'blue',alpha = 0.5)
plt.show()
```

最后显示的散点图如图2.8所示。

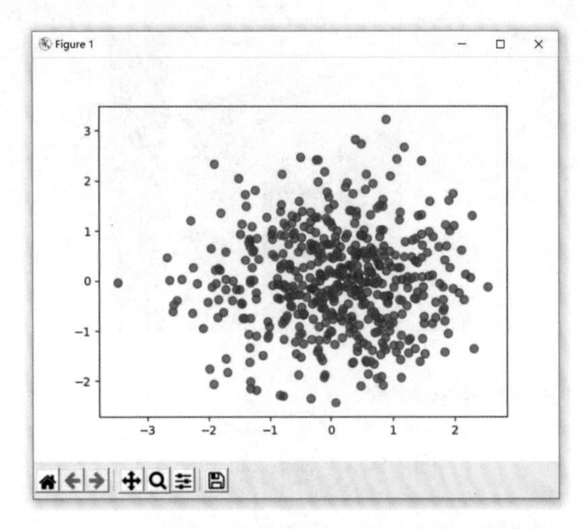

图2.8 绘制散点图示例

（7）绘制柱状图的函数。

```
matplotlib.pyplot.bar(x,y, facecolor , edgecolor)
```

- x为x轴数据。
- y为y轴的数据。
- facecolor为柱子的颜色，可选。
- edgecolor为柱子边沿的颜色，可选。

绘制柱状图的示例如下所示：

```
import matplotlib.pyplot as plt
import numpy


x = ['Jan', 'Feb', 'Mar', 'Apr', 'May']
y = [100, 200, 150, 240, 300]
plt.bar(x,y,facecolor = 'blue',edgecolor = 'white')
```

```
plt.show()
```

这里给x轴传递月份名称'Jan'、'Feb'、'Mar'、'Apr'和'May'，同时给y轴传递一些适当的数字以显示每个月的数字变化。最后显示的柱状图如图2.9所示。

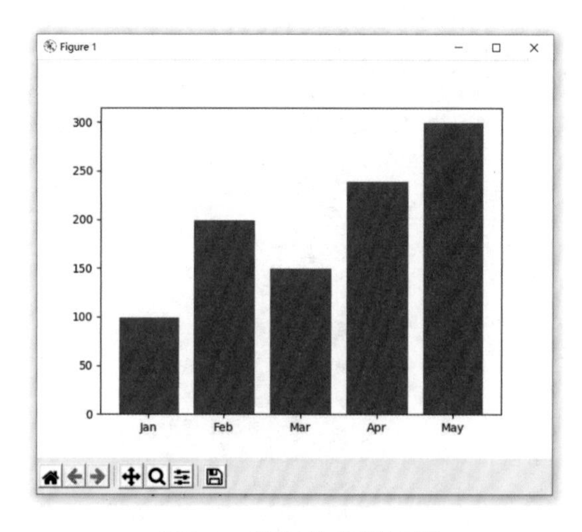

图2.9　绘制柱状图示例

（8）绘制子图的函数。

```
matplotlib.pyplot.subplot（numbRow ，numbCol ，plotNum ）
```

或

```
matplotlib.pyplot.subplot(numbRow numbCol plotNum)
```

当要在一个窗口中包含多张图时，就可以使用这个函数。

· numbRow是子图的行数。

· numbCol是子图的列数。

· plotNum是指第几行第几列的第几幅图。

注意看这个函数的第二种形式，函数的参数不用逗号分开，直接写在一起也是可以的。

比如将图2.8和图2.9放在一个窗中显示，则对应的代码为

```
import matplotlib.pyplot as plt
import numpy

plt.subplot(211)
```

```
x = numpy.random.normal(0,1,500)
y = numpy.random.normal(0,1,500)
plt.scatter(x,y,s = 50,color = 'blue',alpha = 0.5)

plt.subplot(212)
x = ['Jan', 'Feb', 'Mar', 'Apr', 'May']
y = [100, 200, 150, 240, 300]
plt.bar(x,y,facecolor = 'blue',edgecolor = 'white')

plt.show()
```

这里我们将窗口分成两行一列，因此，numbRow的值是2，numbCol的值是1，散点图（第一张图）显示在上方，对应的代码为

```
plt.subplot(211)
```

柱状图（第二张图）显示在下方，对应的代码为

```
plt.subplot(212)
```

最后显示的图像如图2.10所示。

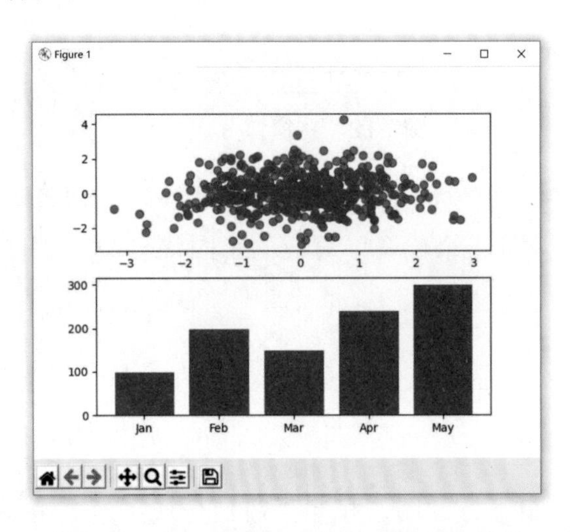

图2.10　在一个窗口中绘制多张图的效果

对于子图绘制，如果不是平均分配窗口的空间应该怎么做呢？比如图2.11所示的情况。

此时，对于图2.11窗口上方的两张图，我们要把窗口分成4份，如图2.12所示。

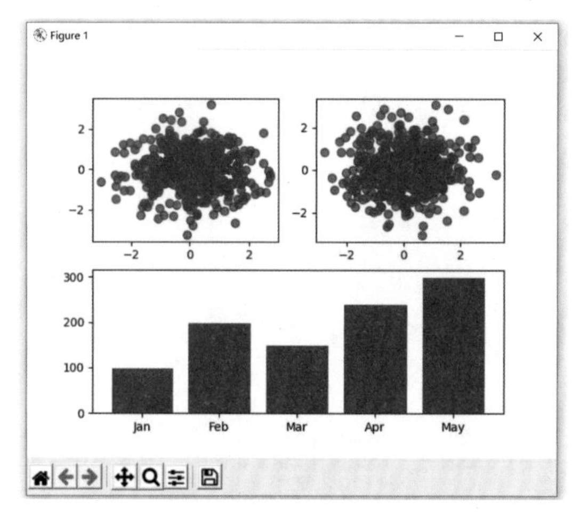

图2.11　在一个窗口中显示三张图

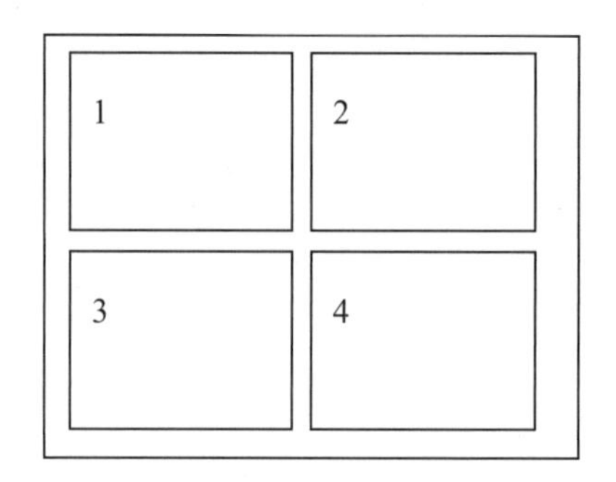

图2.12　将窗口分成4份

这样就相当于窗口被分成了2行2列，即numbRow的值是2，numbCol的值也是2。第一张图占了第一个位置，对应的子图代码为

```
plt.subplot(221)
```

类似地，第二张图占了第二个位置，对应的子图代码为

```
plt.subplot(222)
```

而对于图2.11窗口下方的图，相当于窗口分成了2份，如图2.13所示。

这样就相当于窗口被分成了2行1列，即numbRow的值是2，numbCol的值是1。下面的图占了第2个位置，对应的子图代码为

```
plt.subplot(212)
```

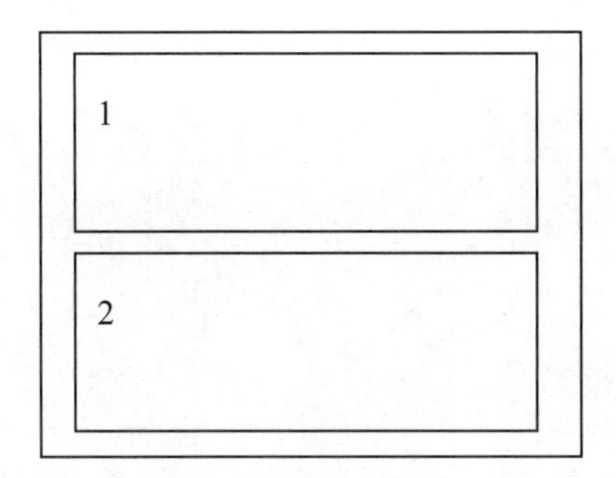

图2.13 将窗口分成2份

最终，图2.11对应的代码如下：

```
import matplotlib.pyplot as plt
import numpy

plt.subplot(221)
x = numpy.random.normal(0,1,500)
y = numpy.random.normal(0,1,500)
plt.scatter(x,y,s = 50,color = 'blue',alpha = 0.5)

plt.subplot(222)
x = numpy.random.normal(0,1,500)
y = numpy.random.normal(0,1,500)
plt.scatter(x,y,s = 50,color = 'blue',alpha = 0.5)

plt.subplot(212)
x = ['Jan', 'Feb', 'Mar', 'Apr', 'May']
y = [100, 200, 150, 240, 300]
plt.bar(x,y,facecolor = 'blue',edgecolor = 'white')

plt.show()
```

所以，在绘制子图时一定要明确子图在窗口中的位置。

2.2.3 绘制矩阵

上一节我们绘制的都是一维数组或列表的图形，如果要绘制一个矩阵的图形，可以考虑两种形式。

第一种形式是在一个平面坐标系中用不同颜色表示不同大小的值，可以使用matplotlib.pyplot模块中的matshow函数。

对应绘制矩阵的示例如下所示：

```
import matplotlib.pyplot as plt
import numpy

a = numpy.array([[1,2,3,4,5],
                 [6,7,8,9,10],
                 [11,12,13,14,15],
                 [16,14,12,10,8],
                 [8,6,4,2,0]])
#绘制矩阵
plt.matshow(a)
plt.show()
```

这里我们定义了一个5 × 5大小的矩阵，然后使用matshow函数绘制矩阵。显示的矩阵如图2.14所示。

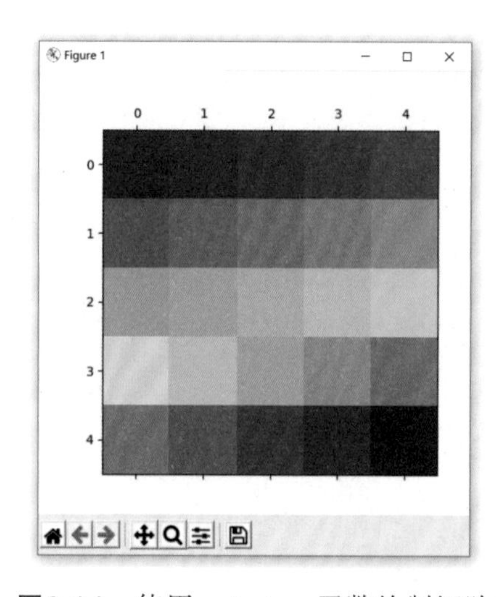

图2.14　使用matshow函数绘制矩阵

绘制矩形的第二种方式是在一个三维的视图中绘制，在这个视图中，x轴和y轴表示矩阵数据的坐标点，而z轴通过高度来反映数据的大小。为了绘制三维图形，需要调用Axes3D对象的plot_surface()方法，本书对于这部分内容不进行深入展开，对于上个例子中的矩阵，如果通过三维视图的形式显示出来如图2.15所示。

这里能看到这种形式更加直观。

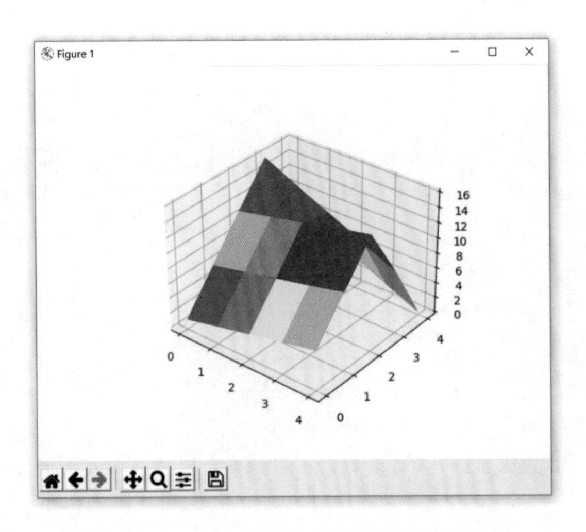

图2.15　以三维视图的形式绘制矩阵

2.3　音频可视化

在了解了NumPy模块和Matplotlib模块之后，下面我们尝试通过图表的形式可视化地表现音频数据。

2.3.1　时域图

“显示”音频最简单的方式就是将采样的音频信号按照时间以曲线的形式展示出来，这种表示信号随着时间变化的图称为时域图。基于本章之前的内容，如果要显示1.4.3节录制音频的时域图，则代码如下：

```
import wave
import matplotlib.pyplot as plt
import numpy

#打开WAV文档
f = wave.open("output.wav", 'rb')

#读取格式信息
#(nchannels, sampwidth, framerate, nframes, comptype, compname)
#声道数 采样字节长度 采样频率 音频总帧数（总采样数）
params = f.getparams()
```

```
nchannels, sampwidth, framerate, nframes = params[:4]
print("nchannels: ", nchannels)
print("sampwidth: ", sampwidth)
print("framerate: ", framerate)
print("nframes: ", nframes)

#读取波形数据
str_data = f.readframes(nframes)
f.close()

#将波形数据转换为数组
wave_data = numpy.fromstring(str_data, dtype = numpy.short)

time = numpy.arange(0, nframes) * (1.0 / framerate)
#绘制波形
plt.plot(time, wave_data, 'c')
plt.xlabel("time (seconds)")
plt.show()
```

这段代码中首先使用wave模块中的Wave.open函数打开对应的WAV文件，返回一个Wave_read对象，获取WAV文件的声道数、采样字节长度、采样频率和音频总帧数，接着按照音频总帧数将数字化的音频数据读取出来。

这里要注意读取出来的数据是字符串类型，因此接下来要将其转换为数据类型。由于我们之前录制的是单声道音频，因此直接利用plot函数将音频数据显示出来即可。

时域图中x轴为时间，最后显示效果如图2.16所示。

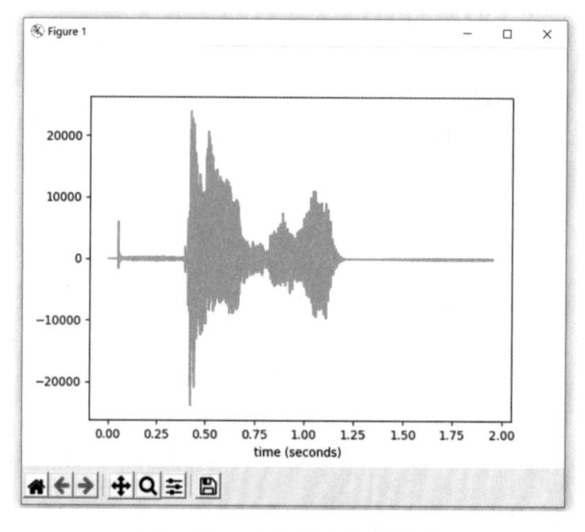

图2.16　时域图显示效果

显示图像的同时在Python IDLE或mPython的控制台中会看到WAV文件的参数，这里内容如下：

```
nchannels: 1
sampwidth: 2
framerate: 11025
nframes: 21504
```

以上的例子是“显示”单声道音频的代码，如果打开的是一个立体声音频文件，则代码可改为

```
import wave
import matplotlib.pyplot as plt
import numpy

#打开WAV文档
f = wave.open("你的立体声音频.wav", 'rb')

#读取格式信息
#(nchannels, sampwidth, framerate, nframes, comptype, compname)
#声道数 采样字节长度 采样频率 音频总帧数（总采样数）
params = f.getparams()

nchannels, sampwidth, framerate, nframes = params[:4]
print("nchannels: ", nchannels)
print("sampwidth: ", sampwidth)
print("framerate: ", framerate)
print("nframes: ", nframes)
#读取波形数据
str_data = f.readframes(nframes)
f.close()

#将波形数据转换为数组
wave_data = numpy.fromstring(str_data, dtype = numpy.short)

if nchannels == 2:
  #定义两个数组保存左声道的音频数据和右声道的音频数据
  wave_data_l = []
  wave_data_r = []

  for i in range(nframes):
    wave_data_l.append(wave_data[i * 2])
```

```
        wave_data_r.append(wave_data[i * 2 + 1])

      time = numpy.arange(0, nframes) * (1.0 / framerate)
      #绘制波形
      plt.subplot(211)
      plt.plot(time, wave_data_l,'c')
      plt.subplot(212)
      plt.plot(time, wave_data_r, 'g')
      plt.xlabel("time (seconds)")
      plt.show()

    elif nchannels == 1:
      time = numpy.arange(0, nframes) * (1.0 / framerate)
      #绘制波形
      plt.plot(time, wave_data, 'c')
      plt.xlabel("time (seconds)")
      plt.show()
```

这段代码中，当读取的音频为立体声时，首先会定义两个数组wave_data_l和wave_data_r，保存左声道的音频数据和右声道的音频数据，然后通过一个for循环将音频数据wave_data分配到两个数组中，最后通过上下两张子图的形式将音频文件显示出来。

2.3.2 频域图

时域（Time Domain）是描述数学函数或物理信号对时间的关系。一个信号的时域图可以表达信号随时间的变化。这是真实世界，是唯一实际存在的域。我们的经历都是在时域中发展和验证的，已经习惯事件按时间的先后顺序发生。不过时域图有时候并不能提供非常有用的信息，因为对于音频信号来说，时域图只表示声音的响度，为了更好地理解音频信号，有必要将时域图转换为频域图。

频域（Frequency Domain）是描述信号在频率方面的特性时用到的一种坐标系。在电子学、控制系统工程和统计学中，频域图显示了在一个频率范围内每个给定频带内的信号量。对于音频信号来说，频域图能告诉我们一个声音中总共包含了多少种不同的频率。频域最重要的性质是：它不是真实的，而是一个数学构造。

正弦波是频域中唯一存在的波形，即正弦波是对频域的描述，这是频域中最重要的规则，频域中的任何波形都可用正弦波合成。这也是正弦波的一个非常重要的性质。然而，它并不是正弦波的独有特性，许多其他波形也有这样的性质。正弦波有四个性质使它可以有效地描述其他波形：

（1）频域中的任何波形都可以由正弦波的组合完全且唯一地描述。

（2）任何两个频率不同的正弦波都是正交的。如果将两个正弦波相乘并在整个时间轴上求积分，则积分值为零。这说明可以将不同的频率分量相互分离开。

（3）正弦波有精确的数学定义。

（4）正弦波及其微分值处处存在，没有上下边界。

时域分析与频域分析是对模拟信号的两个观察面。时域分析是以时间轴为坐标表示动态信号的关系；频域分析是以频率轴为坐标把信号表示出来。一般来说，时域的表示较为形象与直观，频域分析则更为简练，剖析问题更加深刻和方便。两者关系如图2.17所示。信号分析的趋势是从时域向频域发展。它们互相联系，缺一不可，相辅相成。

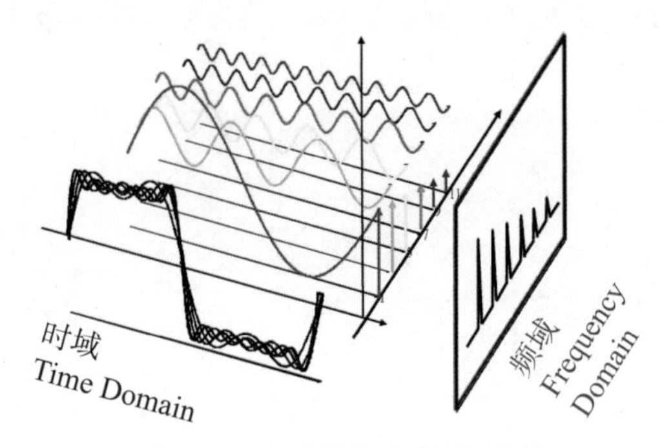

图2.17　时域与频域的关系

将非周期信号的时域图转换为频域图需要用到快速傅里叶变换（FFT）。傅里叶变换是一个数学概念，简单理解就是将一个信号分解为不同频率的组合，同时给出每一种频率的大小。我们可以通过numpy.fft模块中的fft函数实现傅里叶变换，显示1.4.3节录制音频的频域图代码如下：

```
import wave
import numpy
import numpy.fft as nf
import matplotlib.pyplot as plt
```

```
#打开WAV文档
f = wave.open("output.wav", 'rb')

#读取格式信息
#(nchannels, sampwidth, framerate, nframes, comptype, compname)
#声道数 采样字节长度 采样频率 音频总帧数(总采样数)
params = f.getparams()

nchannels, sampwidth, framerate, nframes = params[:4]
print("nchannels: ", nchannels)
print("sampwidth: ", sampwidth)
print("framerate: ", framerate)
print("nframes: ", nframes)
#读取波形数据
str_data = f.readframes(nframes)
f.close()

#将波形数据转换为数组
wave_data = numpy.fromstring(str_data, dtype = numpy.short)

magnitude = nf.fft(wave_data)
freq = numpy.arange(0, nframes)

plt.plot(freq,abs(magnitude),color = 'red')
plt.xlabel('Freq(Hz)')

plt.show()
```

频域图显示效果如图2.18所示。

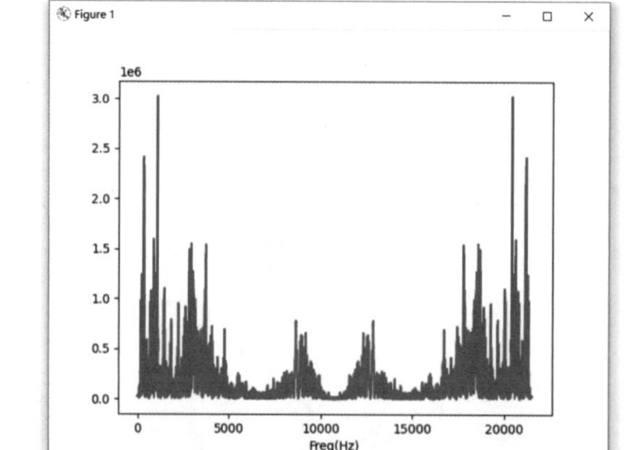

图2.18　频域图显示效果

2.3.3 语谱图

频域图能够在频率方面反映语音的特征，但是其失去了时间轴的参数，而对于语言来说，发音的先后顺序也是非常重要的，这就需要另一种表现音频特征的方法——语谱图。

语谱图的横坐标为时间，纵坐标为对应时间点的频率。坐标中的每个点用不同颜色表示，颜色越亮表示频率越大，颜色越淡表示频率越小。可以说语谱图是一个在二维平面展示三维信息的图，既能够表示频率信息，又能够表示时间信息。

创建和绘制语谱图的过程是首先对音频分帧，然后对每一帧进行傅里叶变换得到对应的频率特征，最后根据帧的先后顺序形成一张语谱图。我们可以通过matplotlib.pyplot模块中的specgram函数绘制音频的语谱图，函数形式如下：

```
matplotlib.pyplot.specgram(x, NFFT = None, Fs = None, Fc = None, detrend
= None, window = None, noverlap = None, cmap = None, xextent = None,
pad_to = None, sides = None, scale_by_freq = None, mode = None, scale =
None, vmin = None, vmax = None, * , data = None, **kwargs)
```

· x为输入信号的向量，默认情况下，没有后续参数，x将被平分成8段分别进行傅里叶变换处理，如果x不能被平分成8段，则会做截断处理。

· NFFT为每帧计算离散傅里叶变换的点数，这个参数值最好为2的整数次方。

· Fs为采样频率。

· Fc为信号x的中心频率，默认为0，用于移动图像。

· detrend为可在快速傅里叶变换前应用的函数，用于消除平均值或线性趋势。包含的函数有默认值default、常量constant、平均值mean、线性linear和无none。

· window为窗函数，即处理一帧数据的函数。在数字信号处理领域，可采用不同的截断函数对信号进行截断，截断函数就被称为窗函数。这里默认为汉宁（hanning）窗。

· noverlap为帧之间的重叠样本数，它必须为一个小于window的整数。

· cmap为一个matplotlib.colors.Colormap的实例。

· xextent为None或图像x轴在(xmin, xmax)范围内。

· pad_to为执行快速傅里叶变换时填充数据的点数，可以与NFFT不同（补零，不会增加频谱分辨率，默认为None，即等于NFFT）。

· sides表示是单边频谱还是双边频谱，可选的值为default、onesided、twosided。

· scale_by_freq表示是否按密度缩放频率，可选的值为True或False。

· mode表示使用什么样的频谱，默认为PSD谱（功率谱），可选的值为默认值default、功率谱psd、复值频谱complex、幅度谱magnitude、没展开的相位谱angle和展开的相位谱phase。

· scale为频谱纵坐标单位，默认为dB，可选的值为默认值default、线性linear和dB。

· vmin和vmax表示值的最小值和最大值。

另外，specgram函数的返回值如下：

· spectrum，频谱矩阵。

· freqs，频谱图每行对应的频率。

· ts，频谱图每列对应的时间。

· psd，功率谱密度（Power Spectral Density）。

利用specgram函数显示1.4.3节录制音频的语谱图代码如下：

```
import wave
import numpy
import numpy.fft as nf
import matplotlib.pyplot as plt

#打开WAV文档
f = wave.open("output.wav", 'rb')

#读取格式信息
#(nchannels, sampwidth, framerate, nframes, comptype, compname)
```

```
#声道数 采样字节长度 采样频率 音频总帧数(总采样数)
params = f.getparams()

nchannels, sampwidth, framerate, nframes = params[:4]
print("nchannels: ", nchannels)
print("sampwidth: ", sampwidth)
print("framerate: ", framerate)
print("nframes: ", nframes)
#读取波形数据
str_data = f.readframes(nframes)
f.close()

#将波形数据转换为数组
wave_data = numpy.fromstring(str_data, dtype = numpy.short)

#开始绘制频谱
print("plotting spectrogram...")

#设定每帧的时间
framelength = 0.025 #帧长20~30ms

#每帧的点数为每帧的时间乘以采样频率
framesize = framelength * framerate

#因为参数NFFT最好为2的整数次方
#因此通过for循环来寻找与当前framesize最接近的2的正整数次方
nfftdict = {}
lists = [32,64,128,256,512,1024]
for i in lists:
  nfftdict[i] = abs(framesize - i)

sortlist = sorted(nfftdict.items(), key = lambda x: x[1])

#按与当前framesize差值升序排列
#取最接近当前framesize的2的正整数次方值为新的framesize
framesize = int(sortlist[0][0])

print("framesize: ", framesize)

#帧之间的重叠样本数约为每帧点数的1/3
overlapSize = int(round(1.0/3 * framesize))

#绘制频谱图
```

```
plt.specgram(wave_data,NFFT = framesize,Fs = framerate,
             window = numpy.hanning(M = framesize),
             noverlap = overlapSize,
             mode = 'default',
             scale_by_freq = True,
             sides = 'default',
             scale = 'dB',xextent = None)

plt.ylabel('Frequency')
plt.xlabel('Time(s)')
plt.title('Spectrogram')
plt.show()
```

这段代码中我们设定每帧的时间为25ms，这个数乘以采样频率就能得到每帧的点数。而这里和这个点数最接近的是2的正整数次方为256，因此设定每帧的点数为256。接着设定帧之间的重叠样本数约为每帧点数的1/3。再加上其他几个参数，即可通过specgram函数绘制音频的语谱图。语谱图显示效果如图2.19所示。

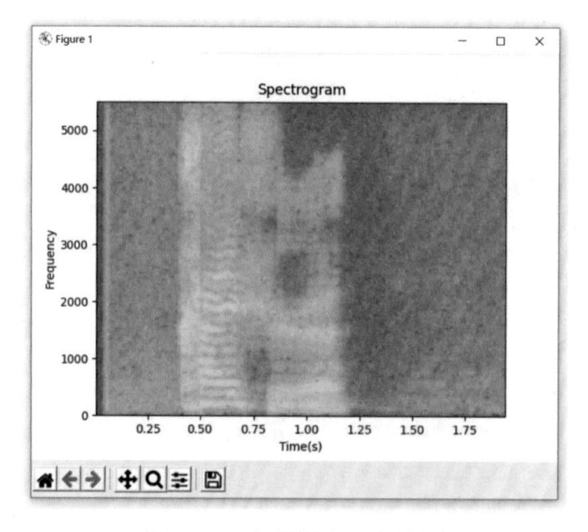

图2.19　语谱图显示效果

2.3.4　MFCC

前面的内容介绍过，将音频分帧后通常还会根据某种系数对数据进行处理，比如梅尔频率倒谱系数MFCC，下面我们就来显示音频经过MFCC处理过之后的语谱图。

提取MFCC特征可以使用python_speech_features模块中的mfcc函数。安装python_speech_features模块可以在cmd命令行工具中输入

```
pip install python_speech_features
```

其中，mfcc函数形式如下：

```
python_speech_features.base.mfcc(signal, samplerate = 16000, winlen = 0.025, winstep = 0.01, numcep = 13, nfilt = 26, nfft = 512, lowfreq = 0, highfreq = None, preemph = 0.97, ceplifter = 22, appendEnergy = True, winfunc = <function <lambda>>)
```

· signal是需要提取特征的音频信号，应该是一个$n * 1$的数组。

· samplerate是音频信号的采样率。

· winlen为分析窗口的宽度，按秒计，默认0.025s（25ms）。

· winstep为连续窗口之间的步长，按秒计，默认0.01s（10ms）。

· numcep为倒频谱返回的数量，默认13，表示密切相关的13个特殊频率对应的能量。

· nfilt为滤波器组的滤波器数量，默认26。

· nfft为FFT的大小，默认512。

· lowfreq为梅尔滤波器的最低边缘，单位赫兹，默认为0。

· highfreq为梅尔滤波器的最高边缘，单位赫兹，默认为采样率/2。

· preemph表示应用预加重过滤器和预加重过滤器的系数，0表示没有过滤器，默认0.97。

· ceplifter表示将升降器应用于最终的倒谱系数，0表示没有升降器，默认值为22。

· appendEnergy如果是true，则将第0个倒谱系数替换为总帧能量的对数。

· winfunc表示将分析窗口应用于每个框架，默认情况下不应用任何窗口，可以在这里使用numpy窗口函数，例如：winfunc = numpy.hamming。

mfcc函数的返回值是一个大小为numcep的numpy数组，每一行都包含一个特征向量。利用python_speech_features模块中的mfcc函数提取音频MFCC特征的代码如下：

```
import wave
import numpy
import python_speech_features as sf


#打开WAV文档
f = wave.open("output.wav", 'rb')

#读取格式信息
#(nchannels, sampwidth, framerate, nframes, comptype, compname)
#声道数 采样字节长度 采样频率 音频总帧数（总采样数）
params = f.getparams()

nchannels, sampwidth, framerate, nframes = params[:4]
print("nchannels: ", nchannels)
print("sampwidth: ", sampwidth)
print("framerate: ", framerate)
print("nframes: ", nframes)
#读取波形数据
str_data = f.readframes(nframes)
f.close()

#将波形数据转换为数组
wave_data = numpy.fromstring(str_data, dtype = numpy.short)
print(wave_data.shape)

mfcc = sf.mfcc(wave_data, framerate)
print(mfcc.shape)
```

这段代码中我们只设定了参数signal和samplerate，其他都采用mfcc函数的默认参数。运行程序时，显示如下信息：

```
nchannels: 1
sampwidth: 2
framerate: 11025
nframes: 21504
(21504,)
(194, 13)
>>>
```

通过输出的信息能够看出音频的大小为21504，提取MFCC特征后变成一个194 × 13的矩阵。显示这个矩阵可以使用matplotlib.pyplot模块中的matshow函数。对应绘制矩阵的代码如下所示：

```
import wave
import numpy
import matplotlib.pyplot as plt
import python_speech_features as sf


#打开WAV文档
f = wave.open("output.wav", 'rb')

#读取格式信息
#(nchannels, sampwidth, framerate, nframes, comptype, compname)
#声道数 采样字节长度 采样频率 音频总帧数(总采样数)
params = f.getparams()

nchannels, sampwidth, framerate, nframes = params[:4]
print("nchannels: ", nchannels)
print("sampwidth: ", sampwidth)
print("framerate: ", framerate)
print("nframes: ", nframes)
#读取波形数据
str_data = f.readframes(nframes)
f.close()

#将波形数据转换为数组
wave_data = numpy.fromstring(str_data, dtype = numpy.short)

mfcc = sf.mfcc(wave_data, framerate)

plt.matshow(mfcc.T)
plt.show()
```

代码中为了让横轴表示时间，对矩阵mfcc进行转置，即由194×13变成13×194。提取MFCC特征之后显示1.4.3节录制音频的语谱图如图2.20所示。

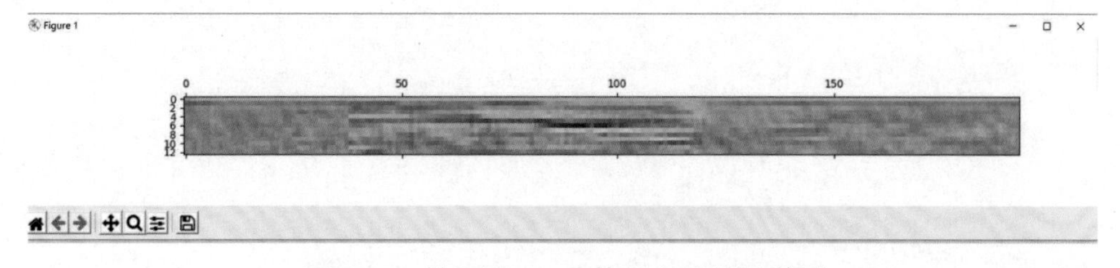

图2.20 提取了MFCC特征之后的语谱图

梅尔频率倒谱系数

梅尔频率倒谱系数（MFCC）是最常用的声学特征。根据人耳听觉机理的研究发现，人耳对不同频率的声波有不同的听觉敏感度。从200Hz到5000Hz的语音信号对语音的清晰度影响较大。两个响度不等的声音作用于人耳时，响度较高频率成分的存在会影响人耳对响度较低频率成分的感受，使其变得不易察觉，这种现象称为掩蔽效应。由于频率较低的声音在内耳蜗基底膜上行波传递的距离大于频率较高的声音，故一般来说，低音容易掩蔽高音，而高音掩蔽低音则较困难。低频的声音掩蔽的临界带宽较高频的声音要小。所以，从低频到高频这一段频带内按临界带宽的大小由密到疏安排一组带通滤波器，对输入信号进行滤波。将每个带通滤波器输出的信号能量作为信号的基本特征，对此特征进行进一步处理后就可以作为语音的输入特征。由于这种特征不依赖于信号的性质，对输入信号不做任何的假设和限制，又利用了听觉模型的研究成果。因此，这种参数比其他模型更符合人耳的听觉特性，而且当信噪比降低时仍然具有较好的识别性能。

第3章 人工智能和机器学习

如果将语谱图看作一张图片，就相当于把语音识别的问题变成图片分类问题。这样利用网络上大量的语料库，我们就可以训练一个机器学习模型，构建自己的语音识别体系。

本章我们将尝试利用自己录入的语音数据来完成一个简单的短语识别程序，不过在开始具体的内容之前，先来了解一下人工智能与机器学习，以及分类器的训练与评估。

3.1 人工智能

3.1.1 什么是人工智能?

人工智能这个词实际上是一个概括性术语，是指研究利用计算机来模拟人的某些思维过程和智能行为的学科，涵盖从高级算法到应用机器人的所有内容。1956年8月，在美国汉诺斯小镇宁静的达特茅斯学院中，约翰·麦卡锡（John McCarthy）、马文·闵斯基（Marvin Minsky）、克劳德·香农（Claude Shannon）、艾伦·纽厄尔（Allen Newell）、赫伯特·西蒙（Herbert Simon）等科学家聚在一起，讨论用机器来模仿人类学习以及其他方面智能的问题。这次会议足足开了两个月的时间，虽然大家没有达成普遍的共识，但却提出了“人工智能”这一术语，标志着“人工智能”这门新兴学科的正式诞生。

谈到人工智能，可能大家印象最深的还是2016年3月AlphaGo以4比1的总比分击败围棋世界冠军职业九段棋手李世石的场景，这标志着人工智能树立了一个新的里程碑。而前一个里程碑应该是1997年5月11日“深蓝”击败国际象棋大师卡斯帕罗夫。当时还有很多人说人工智能无法在围棋上击败人类职业的围棋冠军，因为围棋的变化太多，计算机完成不了这个数量级的计算。虽然在1997年到2016年，计算机技术依照摩尔定律突飞猛进地发展，但这并不是新里程碑出现的主要原因。AlphaGo之所以能够击败人类职业九段的围棋选手，主要是因为机器学习技术的发展。

3.1.2　什么是机器学习?

机器学习从字面上简单理解就是计算机自己学习。“深蓝”的时代采用一套称为“专家系统”的技术，这种技术会把绝大多数的可能性都存在计算机中，遇到问题的时候，计算机会搜索所有的可能性，然后选择一个最优的路线。这种技术的核心是要预先想好所有可能出现的问题以及对应的解决方案，所以当年的主要工作就是组织专家给出对应问题的解决办法，然后把这些回答按照权重组织在一起形成“专家系统”。我们现在知道这种技术有很多局限性。一方面，在复杂的应用场景下建立完善的问题库是一个非常昂贵且耗时的过程；另一方面，很多基于自然输入的应用，比如语音识别和图像识别，很难以人工方式定义具体的规则。因此现在的人工智能普遍采用机器学习的技术，这种技术与“专家系统”最大的区别就是不再告诉计算机可能出现的所有问题以及问题的解决办法了，而是设定一个原则，然后给计算机大量的数据，让计算机自己去学习如何做出决策，由于这个过程是计算机自己学习，所有称为机器学习。可以说机器学习是实现人工智能的一种训练算法的模型，这种算法使得计算机能够学习如何做出决策。

在“专家系统”中，我们知道计算机如何工作的。还是以国际象棋为例，对应计算机的工作流程就是检索所有的棋谱，然后选择一个获胜概率最高的走法。这个过程如果没有计算机，换一个普通人也能完成，只是每走一步花的时间要多一些而已，计算机的优势只是速度快。而对于机器学习来说，计算机学习完毕之后我们并不知道其对应的思考过程，即这个过程是人无论花多少时间都完成不了的。AlphaGo学习的时候还是学的棋谱，而之后的AlphaGo Zero完全是自学，它从一开始就没有接触过棋谱。研发团队只是让它自由随意地在棋盘上下棋，然后进行自我博弈。最后的结果是在AlphaGo Zero面前，AlphaGo完全不是对手，战绩是100∶0。

3.2 人工神经网络

3.2.1 什么是人工神经网络?

机器学习是目前人工智能的主要研究方向，是使计算机具有智能的根本途径。机器学习飞速发展的主要原因是科学家开始尝试模拟人类大脑的工作形式。人类的思维功能定位在大脑皮层，大脑皮层含有约上千亿个神经元，每个神经元又通过神经突触与数十上百个其他神经元相连，形成一个高度复杂、高度灵活的动态网络。通过研究人脑神经网络的结构、功能及其工作机制，科学家在计算机中实现了一个人工神经网络（ANN：Artificial Neural Network），这是生物神经网络在某种简化意义下的技术复现，作为一门学科，人工神经网络的主要任务是根据生物神经网络的原理和实际应用的需要，利用代码建造实用的人工神经网络模型，设计相应的学习算法，模拟人脑的某种智能活动，然后在技术上实现出来用以解决实际问题。

人工智能、机器学习、人工神经网络三者的关系如图3.1所示。

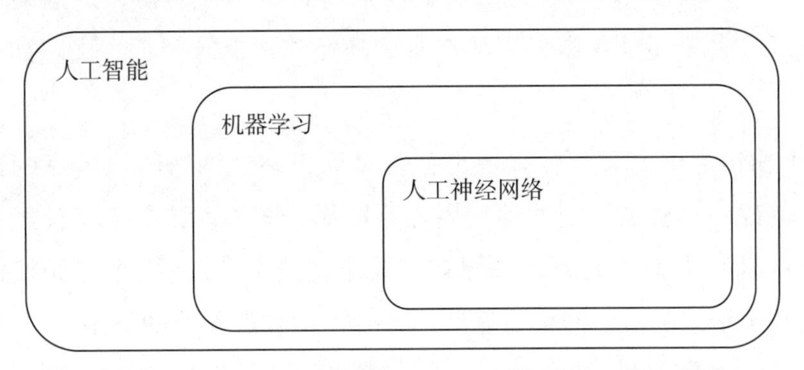

图3.1 人工智能、机器学习、人工神经网络三者的关系

神经网络算法最早来源于神经生理学家W.McCulloch和数理逻辑学家W.Pitts联合发表的一篇论文，他们对人类神经运行规律提出了一个猜想，并尝试给出一个建模来模拟人类神经元的运行规律。人工神经网络一开始由于求解问题的不稳定以及范围有限被抛弃。后来由于GPU发展带来的计算能力的提升，人工神经网络获得了爆发式的发展。

下面我们通过一些分析来理解和描述人工神经网络。首先，人工神经网络是一个统计模型，是数据集S与概率P的对应关系，P是S的近似分布。也就是说，通过P能够产生一组与S非常相似的结果。这里P并不是一个单独的函数，人工神经网络由大量节点（或称神经元）之间相互连接构成，每个节点都代表一种特定的函数，称为激励函数（Activation Function）。每两个节点间的连接都代表一个对于通过该连接信号的加权值，称之为权重，而P就是由所有这些激励函数以及节点之间的权重构成，相当于人工神经网络的记忆。人工神经网络的输出则依网络的连接方式、权重和激励函数的不同而不同。而网络自身通常都是对自然界某种算法或者函数的逼近，也可能是对一种逻辑策略的表达。

3.2.2　人工神经网络的结构

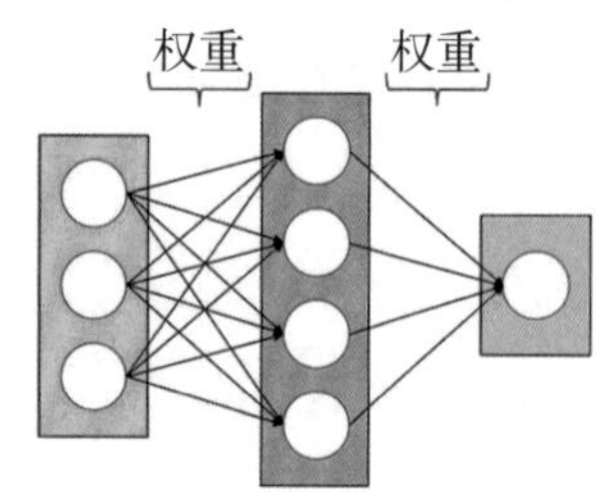

图3.2　人工神经网络的结构

人工神经网络的结构如图3.2所示。

简单理解人工神经网络有三个不同的层：输入层、中间层（或者称为隐藏层）和输出层。

（1）输入层定义了人工神经网络输入节点的数量。比如我们希望创建一个人工神经网络来根据给定的动物属性判断属于哪种动物，这里属性分别为体重、长度、食草还是食肉、生活在水中还是陆地上、会不会飞。如果采用这五种属性，则输入层的节点数量就是5个。

（2）输出层的定义与输入层类似，是人工神经网络输出节点的数量。还是比如要创建一个根据给定的动物属性判断属于哪种动物的人工神经网络，若确定分类的动物为狗、老鹰、海豚，则输出层的节点就是3个。如果输入数据不属于这些类别的范畴，网络将返回与这三个动物最相似的类别。

（3）中间层包含处理信息的节点。中间层可以有很多个，但通常大多数问题只需要一个中间层。要确定中间层的节点数，有很多经验性方法，但没有严格的准则。在实际应用中，经常会根据经验设置不同的节点数量来测试人工神经网络，最后选择一个最适合的方式。

创建人工神经网络的一般规则如下：

（1）中间层的节点数量应介于输入层和输出层节点数量之间。根据经验，如果输入层节点数量与输出层节点数量相差很大，则中间层的节点数量最好与输出层的节点数量相近。

（2）同一层的节点之间不连接。第N层的每个节点都与第$N-1$层的所有节点连接，第$N-1$层神经元的输出就是第N层神经元的输入。每个节点的连接都有一个权值。

（3）对于相对较小的输入层，中间层的节点数量最好是输入层和输出层节点数量之和的三分之二，或者小于输入层节点数量的两倍。

这里要注意一个被称为“过拟合”的现象。过拟合是指为了得到对应的结果而使待分类训练数据信息过度严格。避免过拟合是分类器设计的一个核心任务。通常采用增大数据量和测试样本集的方法对分类器性能进行评价，当然，这样需要更长的训练时间。

3.3 监督式学习与非监督式学习

机器学习既然称为“学习”，必然有一个利用数据训练和学习的过程。机器学习大体上可分为监督式学习和非监督式学习。简单理解监督式学习就是由人来监督机器学习的过程，而非监督式学习就是指人尽量不参与机器学习的过程。

3.3.1 监督式学习

监督式学习使用的数据都是有输入和预期输出标记的。当我们使用监督式学习训练人工智能时，需要提供一个输入并告诉它预期的输出结果。如果产生的输出结果是错误的，就需要重新调整自己的计算。这个过程将在数据集上不断迭代地完成，直到不再出错。

监督式学习问题通常分为两类：分类（Classification）与回归（Regression），分别对应定性输出与定量输出。它们的区别在于，分类的目标变量是标称型的，而回归的目标变量是连续的。当输出是离散的时候，学习任务就是分类任务。当输出是连续的时候，学习任务就是回归任务。

监督式学习中分类任务的最典型例子就是让计算机来识别圆、矩形和三角形。在训练的时候我们会给计算机提供很多带有标记的图片数据，这些标记表示图片是圆形、矩形，还是三角形。这些数据被认为是一个训练数据集，要等到计算机能够以可接受的速率成功地对图像进行分类之后，训练过程才算结束。而回归任务的最典型例子就是预测，比如预测北京的房价，每套房源是一个样本，样本数据中会包含每个样本的特征，比如房屋面积、建筑年代等，房价就是目标变量，通过拟合房价的曲线预测房价，预测值越接近真实值越好。

3.3.2　非监督式学习

非监督式学习是利用既不分类也不标记的信息进行机器学习，并且允许算法在没有指导的情况下对这些信息进行操作。当使用非监督式学习训练机器时，可以让人工智能对数据进行逻辑分类。这里机器的任务是根据相似性和差异性对未排序的信息进行分组，而不需要事先对数据进行处理。

如果利用非监督式学习让计算机识别圆形、矩形和三角形，那么计算机可以根据图形的边数、两条边之间的夹角等特征将相似的对象分到同一个组以完成分类，这个过程叫做聚类分析。聚类分析是提取某一类特征的众所周知的方法。根据数据的特征和关键元素，我们将数据分为未定义的组（集群）。

在聚类分析的过程中，我们将根据大量数据发现一组相似的特征和属性，而不是根据事先明确的特征对数据进行分类。作为被收集的结果，它可以是圆形组或三角形组，再或者是矩形组。但是，人类不可能理解计算机用于分组的特征。聚集这个组的原因可能不是人类对圆形、矩形、三角形的理解。

这种可以从大量数据中找出特征和关键元素的非监督式学习，也可以用于商业领域的趋势分析和未来预测。例如，如果对购买某物品的人进行聚类分析，则可以将某物品作为推荐物品呈现给购买类似物品的人。最近，购物网站通常都有这种人工智能内容推荐的功能。

还有另一种机器学习方法，称为强化学习。像非监督式学习一样，强化学习也没有正确答案的标记。这种方式通过反复试错来推进学习。就像一个人学习如何骑自行车一样，不是简单地知道正确的答案，而是通过反复练习以获取正确的骑行方式。在强化学习的情况下，会通过成功时给予的“奖励”告诉计算机当时的方法是成功的，并使其成为学习的目标。这样的话，计算机会自动地学习以提高成功率。

3.4 scikit-learn模块

scikit-learn模块简称sklearn，是机器学习领域中最知名的Python模块之一。scikit-learn模块主要是用Python编写的，并且广泛使用NumPy模块进行高性能的线性代数和数组运算，具有机器学习所需的回归、分类、聚类等算法。sklearn的官方网站（http://scikit-learn.org）有很多机器学习的例子，是学习sklearn最好的平台，如图3.3所示。

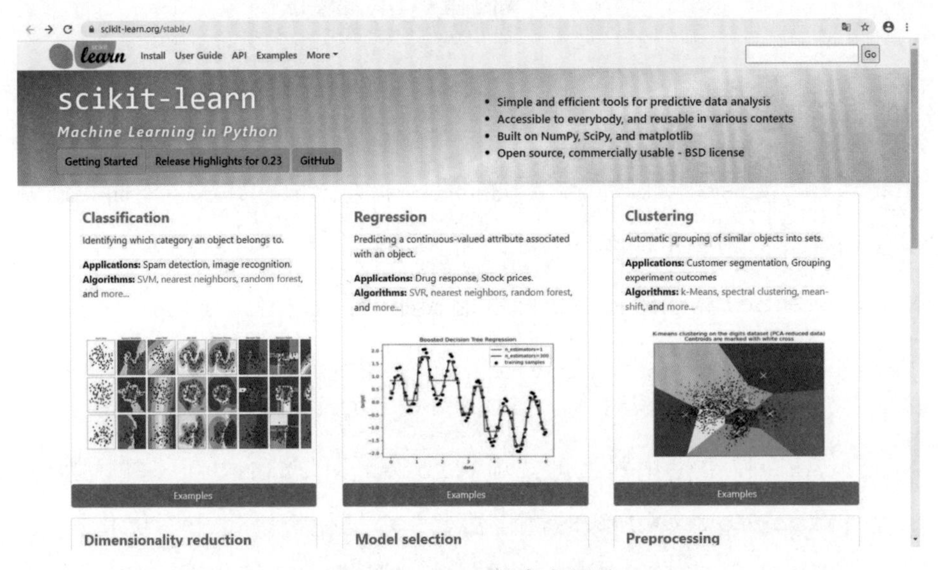

图3.3 sklearn的官方网站

3.4.1 sklearn模块的安装

sklearn模块也是由第三方提供的，因此使用之前需要先安装。在Windows系统中打开cmd命令行工具，然后在其中输入

```
pip install -U scikit-learn
```

安装完成后如图3.4所示。

说 明

在mPython中安装sklearn模块的方法与安装Matplotlib模块的方法类似，对应的sklearn模块在“人工智能”分类中。

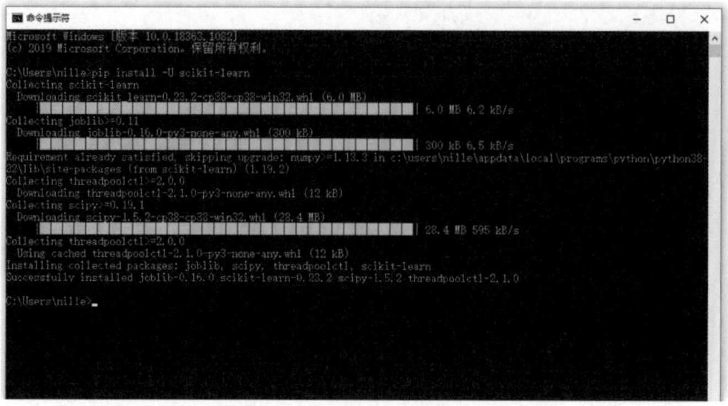

```
命令提示符
Microsoft Windows [版本 10.0.18363.1082]
(c) 2019 Microsoft Corporation。保留所有权利。

C:\Users\nille>pip install -U scikit-learn
Collecting scikit-learn
  Downloading scikit_learn-0.23.2-cp38-cp38-win32.whl (6.0 MB)
     |████████████████████████████████| 6.0 MB 6.2 kB/s
Collecting joblib>=0.11
  Downloading joblib-0.16.0-py3-none-any.whl (300 kB)
     |████████████████████████████████| 300 kB 6.5 kB/s
Requirement already satisfied, skipping upgrade: numpy>=1.13.3 in c:\users\nille\appdata\local\programs\python\python38-
32\lib\site-packages (from scikit-learn) (1.19.2)
Collecting threadpoolctl>=2.0.0
  Downloading threadpoolctl-2.1.0-py3-none-any.whl (12 kB)
Collecting scipy>=0.19.1
  Downloading scipy-1.5.2-cp38-cp38-win32.whl (28.4 MB)
     |████████████████████████████████| 28.4 MB 595 kB/s
Collecting threadpoolctl>=2.0.0
  Using cached threadpoolctl-2.1.0-py3-none-any.whl (12 kB)
Installing collected packages: joblib, scipy, threadpoolctl, scikit-learn
Successfully installed joblib-0.16.0 scikit-learn-0.23.2 scipy-1.5.2 threadpoolctl-2.1.0

C:\Users\nille>_
```

图3.4　安装scikit-learn模块

3.4.2　简单的人工神经网络

MLPClassifier是sklearn模块中的一个监督学习算法，下面我们就利用这个算法搭建并应用一个简单的人工神经网络。

MLPClassifier算法的初始化函数形式如下：

```
MLPClassifier(solver = 'sgd', activation = 'relu', alpha = 1e-4, hidden_layer_
sizes = (50,50), random_state = 1, max_iter = 10, learning_rate_init = .1)
```

· solver为权重优化器，可选项有lbfgs、sgd和adam，默认为adam。lbfgs是quasi-Newton方法的优化器，sgd是随机梯度下降优化器，adam是Kingma、Diederik和Jimmy Ba提出的机遇随机梯度优化器。注意，adam在相对较大的数据集上效果比较好（几千个样本或者更多），而对小数据集来说，'lbfgs'收敛更快，效果也更好。

· activation为中间层的激活函数，可选项有identity（即$f(x) = x$）、logistic（即$f(x) = 1 / (1 + \exp(-x))$）、tanh（即$f(x) = \tanh(x)$）和relu（即$f(x) = \max(0, x)$），默认为relu。

· alpha为正则化项参数，浮点小数数据类型，可选，默认为0.0001。

· hidden_layer_sizes为中间层的大小，元组形式，例如，hidden_layer_sizes=(50, 50)，表示有两层中间层，第一层中间层有50个神经元，第二层也有50个神经元。

· random_state为随机数生成器的状态或种子，可选，默认为None。

· max_iter为最大迭代次数，可选，默认200。

· learning_rate_init为学习率，用于权重更新，只有当solver为sgd时使用，可选参数为constant（恒定）、invscaling（随着时间t使用power_t的逆标度指数不断降低学习率）和adaptive（只要训练损耗在下降，就保持学习率不变，当连续两次不能降低训练损耗或验证分数停止升高时，将当前学习率除以5），默认为constant。

· power_t: double为逆扩展学习率的指数，可选，默认为0.5，只有solver为sgd时使用，当learning_rate_init为invscaling时，用来更新有效学习率。

· learning_rate_int:double为初始学习率，可选，默认为0.001，只有当solver为sgd或adam时使用。

· shuffle用来决定是否在每次迭代时对样本进行清洗，bool，可选，默认True，只有当solver为sgd或adam时使用。

MLPClassifier算法的属性如下：

· classes_，每个输出的类标签。

· loss_，损失函数计算出来的当前损失值。

· coefs_，列表中的第*i*个元素表示*i*层的权重矩阵。

· intercepts_，列表中第*i*个元素代表*i*+1层的偏差向量。

· n_iter_，迭代次数。

· n_layers_，层数。

· n_outputs_，输出的个数。

· out_activation_，输出激活函数的名称。

MLPClassifier算法的方法如下：

· fit(X, y)，拟合训练。

· get_params([deep])，获取参数。

· predict(X)，使用多层感知器（MLP：Multilayer Perceptron）进行预测。

· predict_log_proba(X)，返回对数概率估计。

· predict_proba(X)，概率估计。

· score(X, y[,sample_weight])，返回给定测试数据和标签上的平均准确度。

· set_params(**params)，设置参数。

应用MLPClassifier算法的代码如下：

```
from sklearn.neural_network import MLPClassifier
x = [[0,0], [1, 1],[-2,2],[-1,-2],[2,-1],[-3,-3],[3,2]]
y = [1,1,2,3,4,3,1]

clf = MLPClassifier(solver = 'lbfgs',alpha = 1e-5,
                    hidden_layer_sizes = (5,5),random_state = 1)

#训练
clf.fit(x,y)

X1 = [[2,3],[-1,2]]
#预测
preY1 = clf.predict(X1)
print(preY1)
print(clf.predict_proba(X1))
```

人工神经网络的应用步骤大致来说分为三步：

（1）设置学习模型。

（2）创建训练数据并进行训练。

（3）预测（或识别）。

基于这三个步骤，在上面代码的开头，当我们导入MLPClassifier并设置了训练的数据之后，就创建了一个人工神经网络，对应代码为

```
clf = MLPClassifier(solver = 'lbfgs',alpha = 1e-5,
                    hidden_layer_sizes = (5,5),random_state = 1)
```

这里权重优化器选择的是lbfgs，另外人工神经网络中间层有两层，两层各有5个神经元。

第二步是进行训练，对应代码为

```
clf.fit(x, y)
```

由于MLPClassifier是监督式学习算法，所以方法中提供的两个参数是识

别的数据与正确答案。这里要识别的是一个包含两个数据的列表，如果将这两个数据看成平面坐标系坐标的话，我们可以将正确答案看成坐标所在的象限，即

```
[1, 1, 2, 3, 4, 3, 1]
```

最后一步是进行预测（或识别），需要使用对象的方法predict()，对应代码为

```
preY1 = clf.predict(X1)
print(preY1)
```

预测的时候需要提供进行预测的数据，每个数据应该都是由两个数据组成的。

最后这段代码通过print()函数输出显示预测的结果，同时还通过代码

```
print(clf.predict_proba(X1))
```

输出预测结果的准确率。

当我们运行程序时，会在Python IDLE或mPython的调试控制台中输出如下内容：

```
[1 2]
[[9.99988686e-01 1.21846437e-06 3.07665494e-07 9.78742706e-06]
 [2.52684380e-24 1.00000000e + 00 4.97139735e-14 4.12132123e-31]]
```

这意味着第一个数据（由两个数据组成）的预测结果为1，我们可以理解为在第一象限；而第二个数据（由两个数据组成）的预测结果为2，我们可以理解为在第二象限。

之后的输出为预测结果的准确率，对于第一个数据来说，结果为1的概率为0.999988686（即9.99988686e-01），结果为2的概率为1.21846437e-06，结果为3的概率为3.07665494e-07，结果为4的概率为9.78742706e-06。第二个数据的准确率类似。

这只是一个简单的例子，没有实际意义，但可以测试人工神经网络是否能够正常运行。如果我们希望增加训练的数据或是增加预测的数据，直接更改代码中列表的数据即可，不过要注意x中元素的个数要与y中元素的个数一致，这里我们再添加一组训练数据和两个要识别的数据，示例代码如下：

```
from sklearn.neural_network import MLPClassifier
x = [[0,0], [1, 1],[-2,2],[-1,-2],[2,-1],[-3,-3],[3,2],[1,-1]]
y = [1,1,2,3,4,3,1,4]

clf = MLPClassifier(solver = 'lbfgs',alpha = 1e-5,
                    hidden_layer_sizes = (5,5),random_state = 1)

#训练
clf.fit(x,y)

index = 0
for w in clf.coefs_:
  index += 1
  print('第{}层网络层:'.format(index))
  print('权重矩阵:', w.shape)
  print('系数矩阵: ', w)

print(clf.classes_)
print(clf.loss_)
print(clf.intercepts_)
print(clf.n_iter_)

X1 = [[2,3],[-1,2],[3,-1],[0,2]]
#预测
preY1 = clf.predict(X1)
print(preY1)
print(clf.predict_proba(X1))
```

这次我们还输出显示了当前MLPClassifier算法的部分属性，再次运行程序时，在Python IDLE或mPython的调试控制台中输出显示的内容如下：

```
第一层网络层:
权重矩阵: (2, 5)
系数矩阵: [[ 0.86645505 -3.98126018 -2.8992557  -1.00677431 -2.18071012]
 [-1.60223691 -2.97928158  3.07169059 -1.50494201  0.40756373]]
第二层网络层:
权重矩阵: (5, 5)
系数矩阵: [[-1.12724208  2.43462481 -1.09008979 -0.77459746 -0.55581412]
[-0.84346303  2.73571365 -1.12539402 -0.82130537  1.03829626]
[ 0.25589098  0.24811313 -1.08592943 -0.51111393  2.98379991]
[-1.1704702   2.30631399 -0.81417608 -0.45292752  1.85466385]
[-0.09639785  0.74392358  0.21953578 -0.74570641  1.81977114]]
第三层网络层:
```

```
权重矩阵：(5, 4)
系数矩阵：[[ 2.52058093 -0.45970025 -1.09704778 -1.06520098]
[-0.91156535 -3.04534729  0.81666782  1.57351416]
[-0.43137177 -0.06859841 -0.32342471 -0.1807975 ]
[ 0.30895555 -0.43039635 -0.20332878 -0.4289019 ]
[-1.97562968  2.54829826  0.63395959 -1.90406556]]

[1 2 3 4]
0.0001111213279164541
[array([ 0.15192676, -0.49283078, -0.1797305 , -0.03353104,
-0.14239677]), array([ 2.43783225, 0.03967731, -1.05473376,
-1.57565246, 0.2439457 ]), array([ 4.42040974, -0.52889056,
-3.26611559, 0.45102454])]
17

[2 2 4 2]
[[5.04905790e-13 9.99999999e-01 1.22560560e-09 1.28941416e-18]
 [1.93812840e-51 1.00000000e + 00 2.47754522e-22 2.29933560e-54]
 [1.74499086e-10 1.71156158e-22 7.73967922e-06 9.99992260e-01]
 [1.66879351e-29 1.00000000e + 00 1.27386082e-15 1.60390720e-34]]
```

这里第一层网络是指输入层与第一层中间层形成的网络，大小为(2, 5)，之后的系数矩阵就是第一层网络中输入层的第一个神经元与第一层中间层的5个神经元的权重系数，以及第一层网络中输入层的第二个神经元与第一层中间层的5个神经元的权重系数。第一层网络如图3.5所示。

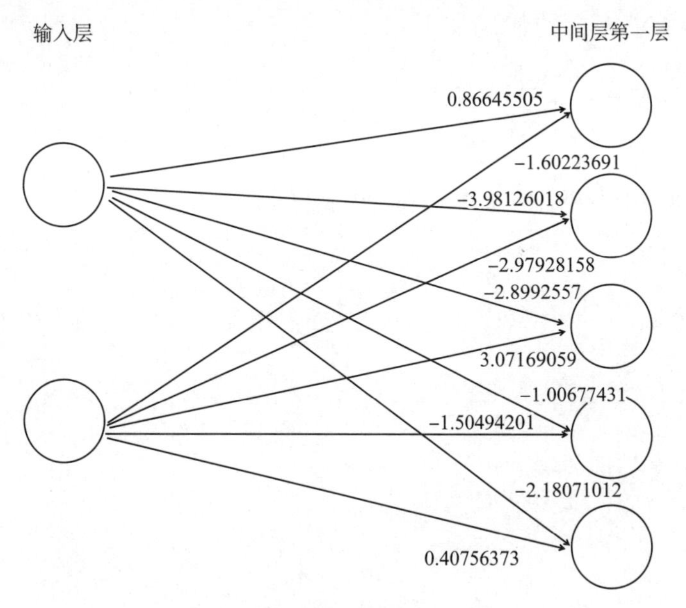

图3.5　第一层网络示意图

之后第二层网络和第三层网络的内容与第一层网络类似。显示了每一层神经网络的权重矩阵之后，还输出了每个输出的类标签，这里就是1、2、3、4，还有当前损失值和偏差向量，以及迭代次数17。

最后输出预测数据的结果以及准确率，注意这里变成了4个结果。

3.4.3　简单的短语识别

基于MLPClassifier算法我们可以实现一个本地简单的短语识别程序。

这里要实现的功能是通过程序识别我们说的是“早上好”，“下午好”，还是“晚上好”。实现这一目标的方法是先创建一个人工神经网络并设置学习模型，然后用一系列已分类的语音数据进行训练，最后进行短语的识别。

创建人工神经网络的内容之前已经介绍过了，这里不再赘述，本示例最关键且优先级最高的工作是创建训练数据集。如果我们希望通过程序识别不同人的声音，那么首先需要让不同的人录制短语的音频。这个准备工作我们通过程序来生成训练数据。对于训练用的音频要求如下：

（1）单声道。

（2）采样频率11025。

（3）音频时长2秒。

基于上述要求完成的代码如下：

```
import pyaudio
import wave

#一次读取数据流的数据量，避免一次性的数据量太大
CHUNK = 1024

#采样精度
FORMAT = pyaudio.paInt16

#声道数
CHANNELS = 1

#采样频率
RATE = 11025
```

```
#录音时长，单位秒
RECORD_SECONDS = 2

sampleNum = 0

while True:
  cmd = input("输入r开始录音")
  if cmd == 'r':
    p = pyaudio.PyAudio()

    stream = p.open(format = FORMAT,
                    channels = CHANNELS,
                    rate = RATE,
                    input = True,
                    frames_per_buffer = CHUNK)

    #录音开始
    print("开始录音")

    frames = []

    for i in range(0, int(RATE / CHUNK * RECORD_SECONDS)):
      data = stream.read(CHUNK)
      frames.append(data)

    #录音结束
    print("录音结束")

    stream.stop_stream()
    stream.close()
    p.terminate()

    wf = wave.open("ml//" + str(sampleNum) + ".wav", 'wb')
    wf.setnchannels(CHANNELS)
    wf.setsampwidth(p.get_sample_size(FORMAT))
    wf.setframerate(RATE)
    wf.writeframes(b''.join(frames))
    wf.close()

    sampleNum = sampleNum + 1
    if sampleNum == 1000:
      break
  else:
```

```
    print("输入错误")
```

这段代码中我们增加了一个交互，即只有用户输入字母r才会开始录音并生成一个音频数据，而音频文件保存的位置在.py文件所在文件夹的ml文件夹下，另外这里新建了一个变量sampleNum来保存文件的编号，这个编号就是音频文件的文件名，当编号达到1000时，跳出循环终止程序（即生成1000个训练用的音频文件）。

第一次运行程序时可以找不同的人来说“早上好”，生成1000个音频文件之后程序停止运行，此时可以将所有文件放在名为“morning”的文件夹下。接着再运行一次程序，这次找不同的人来说“下午好”，生成1000个音频文件之后程序停止运行，此时可以将所有文件放在名为“afternoon”的文件夹下。最后再运行一次程序，这次找不同的人来说“晚上好”，同样在生成1000个音频文件之后程序停止运行，此时将所有文件放在名为“night”的文件夹下。这样训练数据集就建成了。

训练数据准备好之后，接下来完成训练和识别，对应的代码如下：

```
from sklearn.neural_network import MLPClassifier
import python_speech_features as sf
import pyaudio
import wave
import numpy

#一次读取数据流的数据量，避免一次性的数据量太大
CHUNK = 1024

#采样精度
FORMAT = pyaudio.paInt16

#声道数
CHANNELS = 1

#采样频率
RATE = 11025

#录音时长，单位秒
RECORD_SECONDS = 2

#音频数据与正确答案，0为早上好、1为下午好、2为晚上好
```

```
voice_data = []
voice_id = []

#读取“早上好”的数据并提取MFCC特征
for i in range(0,1000):
  #打开WAV文档
  f = wave.open("morning//" + str(i) + ".wav", 'rb')
  params = f.getparams()
  nchannels, sampwidth, framerate, nframes = params[:4]

  #读取波形数据
  str_data = f.readframes(nframes)
  f.close()

  #将波形数据转换为数组
  wave_data = numpy.fromstring(str_data, dtype = numpy.short)
  mfcc = sf.mfcc(wave_data, framerate)

  voice_data.append(mfcc.ravel())
  voice_id.append(0)

#读取“下午好”的数据并提取MFCC特征
for i in range(0,1000):
  #打开WAV文档
  f = wave.open("afternoon//" + str(i) + ".wav", 'rb')
  params = f.getparams()
  nchannels, sampwidth, framerate, nframes = params[:4]

  #读取波形数据
  str_data = f.readframes(nframes)
  f.close()

  #将波形数据转换为数组
  wave_data = numpy.fromstring(str_data, dtype = numpy.short)
  mfcc = sf.mfcc(wave_data, framerate)

  voice_data.append(mfcc.ravel())
  voice_id.append(1)

#读取“晚上好”的数据并提取MFCC特征
for i in range(0,1000):
  #打开WAV文档
  f = wave.open("night//" + str(i) + ".wav", 'rb')
```

```
    params = f.getparams()
    nchannels, sampwidth, framerate, nframes = params[:4]

    #读取波形数据
    str_data = f.readframes(nframes)
    f.close()

    #将波形数据转换为数组
    wave_data = numpy.fromstring(str_data, dtype = numpy.short)

    mfcc = sf.mfcc(wave_data, framerate)

    voice_data.append(mfcc.ravel())
    voice_id.append(2)

#搭建人工神经网络
clf = MLPClassifier(hidden_layer_sizes = (500,50),max_iter = 1000)

#训练
clf.fit(voice_data,voice_id)

while True:
  cmd = input("输入r开始录音并识别")
  if cmd == 'r':
    p = pyaudio.PyAudio()

    stream = p.open(format = FORMAT,
                    channels = CHANNELS,
                    rate = RATE,
                    input = True,
                    frames_per_buffer = CHUNK)

    #录音开始
    print("开始录音")
    frames = []

    for i in range(0, int(RATE / CHUNK * RECORD_SECONDS)):
      data = stream.read(CHUNK)
      frames.append(data)
    #录音结束
    print("录音结束,开始识别")

    stream.stop_stream()
```

```
        stream.close()
        p.terminate()

        wf = wave.open("mlp.wav", 'wb')
        wf.setnchannels(CHANNELS)
        wf.setsampwidth(p.get_sample_size(FORMAT))
        wf.setframerate(RATE)
        wf.writeframes(b''.join(frames))
        wf.close()

        f = wave.open("mlp.wav", 'rb')
        params = f.getparams()
        nchannels, sampwidth, framerate, nframes = params[:4]

        #读取波形数据
        str_data = f.readframes(nframes)
        f.close()

        #将波形数据转换为数组
        wave_data = numpy.fromstring(str_data, dtype = numpy.short)

        mfcc = sf.mfcc(wave_data, framerate)
        X1 = []
        X1.append(mfcc.ravel())

        #预测
        preY1 = clf.predict(X1)
        print(preY1)
        print(clf.predict_proba(X1))
    else:
        print("输入错误")
```

由于MLPClassifier是监督式学习算法，所以在程序的开始定义了两个变量voice_data和voice_id，分别用来保存数据与正确答案，这里的数据是提取了MFCC特征之后的数据，程序中将这个数据以音频文件为单位一个个加入数组当中。

训练数据集中有三类数据，所以用三个for循环来分别读取，0对应“早上好”，1对应“下午好”，2对应“晚上好”。

接下来就是搭建人工神经网络并完成训练。训练完成后，则进入一个

while循环进行短语识别。这里同样有一个输入的交互，即只有用户输入字母r才会开始录音并进行识别，识别的过程是先提取语音的MFCC特征，再对数据进行预测。

程序运行时的输出如下所示：

```
输入r开始录音并识别r
开始录音
录音结束，开始识别
[2]
[[3.67869551e-03 7.91450311e-63 9.96321304e-01]]
输入r开始录音并识别
```

程序刚开始运行的时候，是训练的过程，所以什么也不显示。等待一段时间，模型训练完成，会显示“输入r开始录音并识别”并等待我们输入。当我们输入r后，提示开始录音，此时可以说“早上好”、“下午好”或者“晚上好”中的任意一句，这里我说的是“晚上好”。

提示录音结束之后，程序开始对音频进行识别，最后返回识别的结果以及识别结果的准确率。这里结果为2，即“晚上好”。

如果我们希望获得更直观的反馈，还可以增加以下判断语句。

```
if preY1[0] == 0:
  print("你说的是早上好")
if preY1[0] == 1:
  print("你说的是下午好")
if preY1[0] == 2:
  print("你说的是晚上好")
```

至此一个简单的短语识别的程序就完成了。大家也可以尝试添加更多的短语进行识别，比如识别不同的水果名称。

第4章　语音转换为文本

在前面的例子中，我们已经通过机器学习实现了有限短语的识别，不过采用这种方式只能对固定的几个短语进行识别，而且识别的时候必须整句或整个短语匹配才行，显然不够灵活，这和我们生活中接触的语音识别好像不太一样。本章就来介绍实际的语音识别过程，同时还会实现语音到文本的转换。

4.1　帧的处理

在介绍实际的语音识别过程之前，我们先要了解几个概念。

4.1.1　音　素

音素是根据语音的自然属性划分的最小语音单位，从声学性质来看，音素是从音质角度划分的最小线性语音单位；从生理性质来看，一个发音动作形成一个音素。英语中单词和汉语中汉字的发音都是由音素构成的。如（ma）包含（m）（a）两个发音动作，是两个音素。相同发音动作发出的音就是同一音素，不同发音动作发出的音就是不同音素。如（ma-mi）中，两个（m）发音动作相同，是相同音素，（a）（i）发音动作不同，是不同音素。对音素的分析，一般是根据发音动作来描写的。如（m）的发音动作是：上唇和下唇闭拢，声带振动，气流从鼻腔流出发音。

音素分为元音与辅音两大类。英语国际音标共有48个音素，其中元音音素20个、辅音音素28个。而汉语一般直接用声母和韵母作为音素集，比如汉语中啊（ā）的音只有一个音素，安（ān）有两个音素，而晚（wǎn）有三个音素。至于下午好则有7个音素（x、i、a、u、h、a、o）。

通过音素概念的介绍，能够很直观地想到在语音识别的过程中，在对语音分帧并提取语音特征之后，接下来就要把这些帧组合成音素。为此在进行语音识别模型训练的过程中，首先需要进行单音素的模型训练。不过单音素模型本身有很大问题，其没有考虑到本音素前后音素的发音对本音素的影响，为了解决这个问题，我们需要了解下一个概念——状态。

4.1.2 状　态

状态是比音素更小的语音单位。我们知道语音是一个连续的音频流，它是由大部分的稳定态和部分动态改变的状态混合构成。一个单词的发声（波形）实际上并不是只取决于音素，其他例如音素的上下文、说话者、语音风格等也会影响音频的波形。

其中上下文是对音频波形影响最大的因素。在一串语音信息中，一个音或多或少都会受前后相邻音的影响而发生变化，从发声机理上看就是人的发声器官在从一个音转向另一个音时其特性只能渐变，从而使得后一个音的频谱与其他条件下的频谱产生差异。这种情况一般称为协同发音。由于协同发音的存在，所以我们需要根据上下文来辨别音素。这就需要将音素划分为几个状态，简单来说可以理解为三个状态，即入音（音素的第一部分与在它之前的音素存在关联）、持续音（音素的中间部分是稳定的）和出音（音素的最后一部分与下一个音素存在关联）。

因此，实际的语音识别过程可以理解为：

（1）把若干帧识别成状态。

（2）把若干状态（一般为3个状态）组合成音素。

（3）把若干音素组合成字母文本。

（4）对于英文或字母形式的文本，到第（3）步就可以了，对于中文来说还有一步，即将字母文本转换为文字文本。

基于这样的理解，只要能够通过机器学习利用训练好的模型（这里称为“声学模型”）将每一帧归类到某一个状态，就能最终实现对语音的识别。

但是在实际操作中会有一个问题，即最后整个语音会得到一堆杂乱无章的状态编号，这些状态编号可能根本无法组合成音素，相邻两帧间的状态编号也都没有关系。而且理想状态下假设语音有1000帧，每帧对应1个状态，每3个状态组合成一个音素，那么大概会组合成300个音素，但整段语音根本不可能有这么多音素。实际上，因为每帧很短，大多数相邻帧的状态应该都是相同的才合理。

解决这个问题的常用方法就是使用隐马尔可夫模型（HMM）。

4.1.3 HMM

隐马尔可夫模型是比较经典的机器学习模型，它在语言识别、自然语言处理、模式识别等领域得到广泛应用。

能够用HMM模型解决的问题一般有两个特征：

（1）问题是基于序列的，比如时间序列，或者状态序列。

（2）问题中有两类数据，一类序列数据是可以观测到的，即观测序列；而另一类数据是不能观察到的，即隐藏状态序列，简称状态序列。

这样的问题在实际生活中是很多的。比如，我现在在计算机前打字，我在键盘上敲出来的一系列字符就是观测序列，而我实际想输入的文字则是隐藏序列，输入法的任务就是通过我输入的一系列字符尽可能猜测我要写的内容，并把最可能的词语放在最前面让我选择。

说　明

隐马尔可夫模型中的数据序列称为隐马尔可夫链，而隐马尔可夫链即隐藏状态的马尔可夫链，至于马尔可夫链则是建模随机过程的一种方法。在马尔可夫链里，离散的事件通过一些状态顺序连接起来，状态之间的跳转是通过一个随机过程来控制的。

下面我们通过一个简单的实例来描述HMM模型。

假设我手里有三个不同的骰子。第一个骰子是常见的有6个面的骰子（这里称之为D6），那么掷骰子时这个骰子每个面（1，2，3，4，5，6）出现的概率是1/6。第二个骰子是四面体（这里称之为D4），那么这个骰子每个面（1，2，3，4）出现的概率是1/4。第三个骰子有8个面（这里称之为D8），那么这个骰子每个面（1，2，3，4，5，6，7，8）出现的概率是1/8。

现在开始掷骰子，先从三个骰子里挑一个，挑到每一个骰子的概率都是1/3，称为初始概率。然后掷骰子，得到一个数字，这个数字一定是1～8中的一个。如果不停地重复上述过程，就会得到一串数字。例如掷了10次，得到的这串数字为1、6、3、5、2、7、3、5、2、4，这串数字就是观测序列。但是在隐马尔可夫模型中，不仅仅有这么一串可观测到的观测序列，还有一串不能观测到的状态序列。在这个例子里，状态序列就是每次所用的骰子序列。比如，状态序列可能是D8、D8、D8、D6、D4、D8、D6、D6、D4、D8。

一般来说，隐含状态（骰子）之间的变换存在一个转换概率。在这个例子里，D6之后选择D4、D6、D8的转换概率都是1/3，D4、D8之后选择三个骰子的转换概率也都一样是1/3。不过在实际应用中，这种转换并不都是概率相等的。比如，可以定义D6后面不能接D4，D6后面是D6的概率是0.9，D6后面是D8的概率是0.1。

另外，虽然可观测到的信息之间没有转换概率，但是隐含状态和可见状态之间有一个概率叫做输出概率。比如在这个例子中，D6产生1 ~ 6的输出概率都是1/6，这个输出概率也可以设定。假设D6掷出来是1的概率更大，是1/2，掷出来是2 ~ 6的概率都是1/10。

基于以上描述，任何一个HMM都可以通过下列五组数据来描述：

（1）观测序列。

（2）状态序列。

（3）初始概率。

（4）转换概率。

（5）输出概率。

对于HMM来说，如果提前知道所有隐含状态之间的转换概率和所有隐含状态到所有可见状态之间的输出概率，进行模拟是相当容易的。但应用HMM模型时，往往缺失一部分信息。应用算法去估计这些缺失的信息，就成了一个很重要的问题。HMM模型一共有三个经典的问题需要解决：

（1）评估观测序列概率，即给定模型和观测序列，计算在模型下观测序列出现的概率。

（2）模型参数学习问题，即给定观测序列，计算模型的参数在什么情况下出现观测序列的概率最大。

（3）预测问题，也称为解码问题，即给定模型和观测序列，求解最可能出现的状态序列。语音识别就是要解决这个问题，即通过得到的状态编号序列求解最可能的隐性音素序列。

对于语音识别应用中的HMM来说，我们能够知道所有音素或状态，下面就要构建一个网状模型，这个网状模型是由单词级网络展开成音素网络，再展开成状态网络。语音识别过程其实就是在状态网络中搜索一条与声音最匹配的路径。由此我们能够很直观地想到这个网络越大，语音识别的准确率就会越高。

在这个网络模型中，转换概率和输出概率都可以从声学模型中获取，不过由音素转换为文本还涉及一个语言概率（由音素组成的文本最后形成一个短语或一句话的概率），这个概率要从语言模型中获取。语言模型是使用大量文本训练出来的。语言模型对于语音识别来说非常重要，如果不使用语言模型，这个网络模型就算再大，识别出的结果基本也是一团乱麻。

以上就是实际的语音识别大致过程，由于这个过程需要很大的网络以及强大的模型（使用大量文本训练过的模型）支持，所以目前大部分都是以云服务的形式进行语音识别。

4.2 百度语音识别

能够提供语音识别的云服务有很多，本书以百度提供的语音识别服务为例进行介绍。

4.2.1 选择服务

要想使用百度的语音识别服务，第一步需要先选择对应的服务。我们打开百度的AI开放平台https://ai.baidu.com/，网页页面如图4.1所示。

如图4.1中箭头所示，在百度AI开放平台的首页选择上方菜单栏中的“开放能力”。能看到百度AI开放平台提供的所有人工智能服务，在弹出的一系列子菜单中选择“语音技术”下的“短语音识别”服务，如图4.2所示。

选择了“短语音识别”之后会进入“短语音识别”服务的页面，如图4.3所示。

图4.1　百度的AI开放平台

图4.2　选择“短语音识别”服务

图4.3　“短语音识别”服务的页面

在这个页面中有三个比较大的按钮，“立即使用”“技术文档”和“产品价格”。这里我们先来看一下“技术文档”，如图4.4所示。

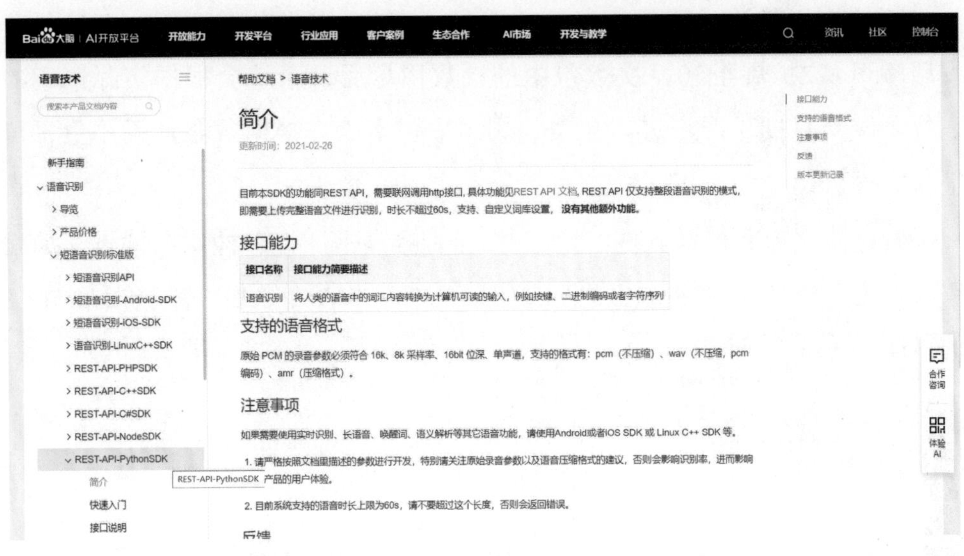

图4.4　“短语音识别”服务的“技术文档”

在“技术文档”界面能看到，在“短语音识别标准版”中有很多不同的API接口，由于我们使用Python语言，所以这里选择REST-API-PythonSDK，然后会出现“简介”“快速入门”“接口说明”和“错误信息”四个子菜单。

对于这个SDK（软件开发工具包），目前仅支持整段语音识别的模式，即需要上传完整语音文件进行识别，而且原始语音文件录音参数必须符合8k/16k采样率、16bit位深、单声道，支持的格式有pcm（不压缩）、wav（不压缩，采用PCM编码）、amr（压缩格式）。同时语音时长不超过60s，另外支持自定义词库设置。

4.2.2　创建应用

整段语音识别的过程比较简单，只需要三步：

（1）在本地录制语音。

（2）将语音信息上传到云端。

（3）云端服务处理后以文本的形式返回识别的结果。

下面我们就利用百度的语音识别服务完成语音识别。

短语音识别目前包含普通话（输入法模式）、英语、粤语、四川话、普通话远场（远场模式），使用短语音识别服务是需要付费的，使用者可购买次数包，也可按调用量阶梯后付费。每个账号可享200万次免费调用，开通付费后并发限额可从2扩展至50。次数包中的次数用尽后，系统会根据实际调用的次数，每小时对百度云账户进行扣费，用多少付多少。根据月累计调用量，可自动享受阶梯折扣。

了解资费之后我们回到图4.3所示界面直接点击“立即使用”按钮，如果没有登录百度账户则会出现登录界面，如果已经登录百度账户，则会出现图4.5所示的界面。

图4.5　开始使用“短语音识别”服务

在这个界面中点击“创建应用”按钮（使用服务都是以应用的形式），进入图4.6所示的界面。

这里我们要为新的应用完善一些信息，包括应用名称、接口选择、应用归属、应用描述等。应用名称大家可以写一个能够表示应用功能的名字，接口选择默认选择语音技术，应用归属选择个人，然后填写简单的应用描述，最后点击“立即创建”就能创建一个应用，如图4.7所示。

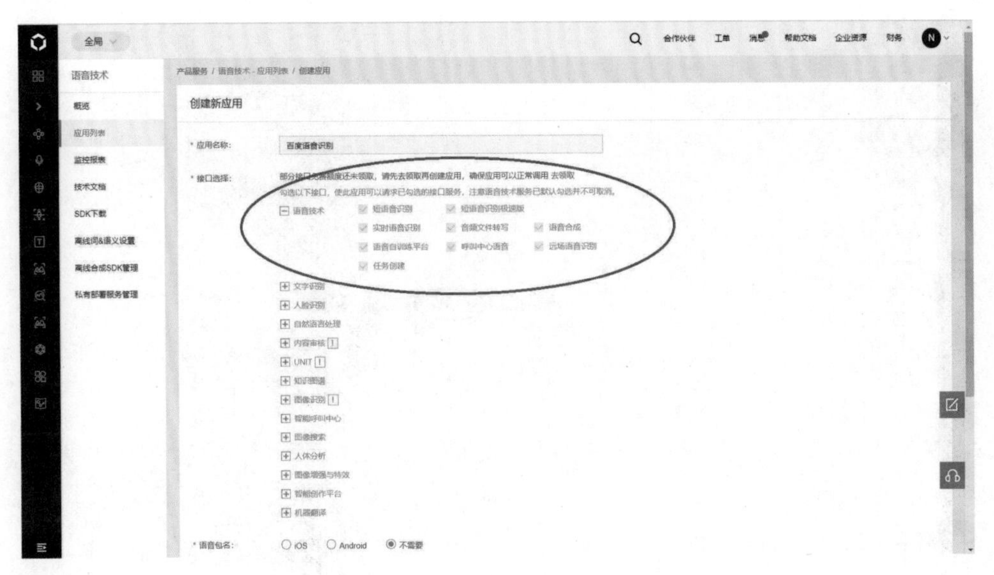

图4.6　“创建应用”的界面

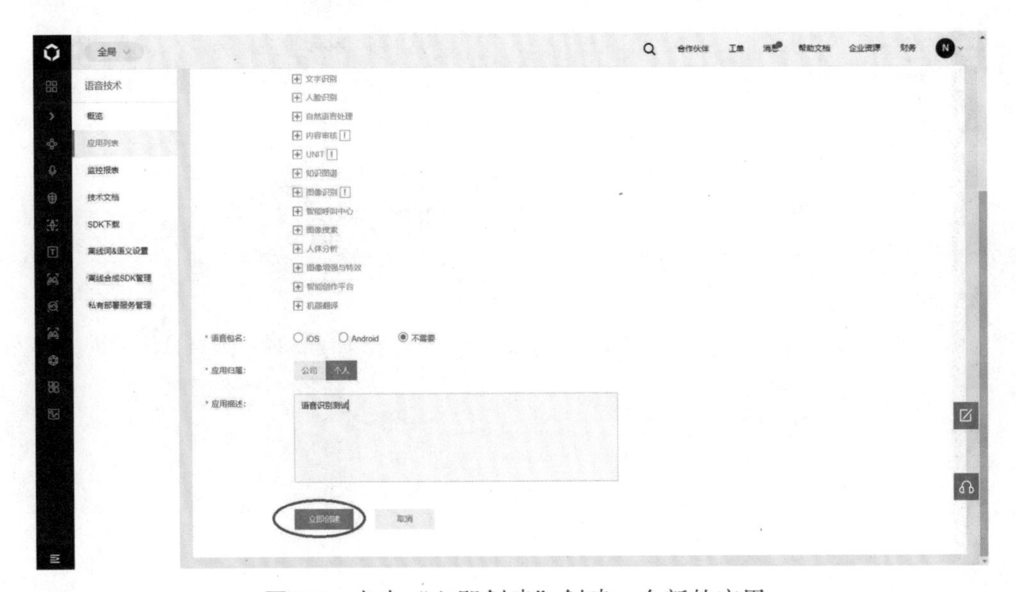

图4.7　点击“立即创建”创建一个新的应用

应用创建完之后会有一个创建完毕的提示，如图4.8所示。

点击“查看应用详情”按钮可以查看新建应用的详细信息，内容如图4.9所示。

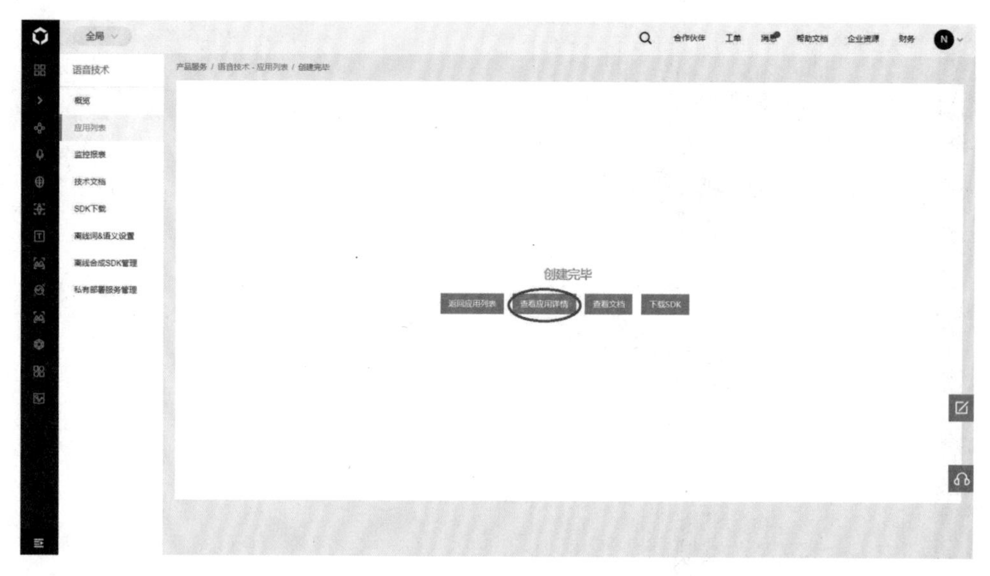

图4.8　应用创建完毕

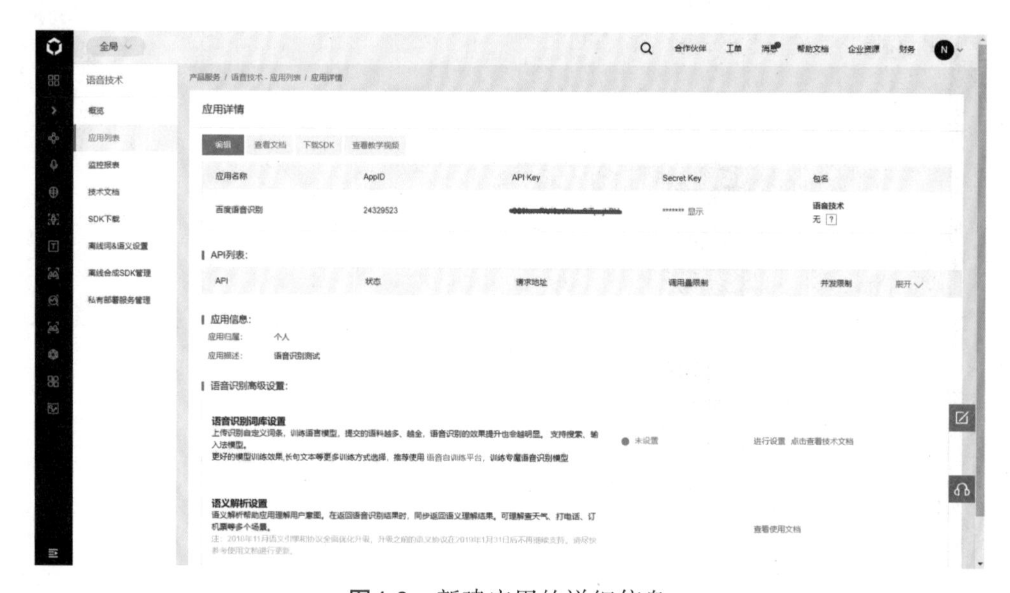

图4.9　新建应用的详细信息

这里我们要记下这个应用的AppID、API Key以及Secret Key，这些信息在之后的代码中需要使用。

4.2.3　使用服务

现在云端的准备工作已经完成，让我们回到Python代码的编写上。使用百度的语音识别服务需要安装baidu-aip模块，在cmd命令行工具中输入

```
pip install baidu-aip
```

模块安装完成之后，我们先看一下“技术文档”中的“接口说明”。

“技术文档”的页面中提供了一段示例代码，如下所示：

```
from aip import AipSpeech

"你的APPID AK SK "
APP_ID = '你的AppID'
API_KEY = '你的API Key'
SECRET_KEY = '你的Secret Key'

client = AipSpeech(APP_ID, API_KEY, SECRET_KEY)

#读取文件
def get_file_content(file_path):
  with open(file_path, 'rb') as fp:
    return fp.read()
#识别本地文件
client.asr(get_file_content('output.wav'), 'wav', 16000, {
    'dev_pid': 1537,
})
```

这段代码中我们要修改两个地方，第一个是在代码的开头将变量APP_ID、API_KEY、SECRET_KEY的值换成图4.9中新建应用的AppID、API Key以及Secret Key。第二个地方是修改对象client方法asr()中的参数。

方法asr()的参数说明如下：

· 第一个参数是要识别的语音内容，这是一个Buffer类型的对象。语音格式支持pcm、wav或amr，不区分大小写，这里它是函数get_file_content()的返回值，函数get_file_content()的参数就是要识别的语音文件，这里我改成了1.4.3节中录制的output.wav文件。

· 第二个参数是要识别语音文件的格式，这是一个字符串类型的参数，参数不区分大小写，这里我改成了wav。

· 第三个参数是采样率，这里的值为16000。

· 第四个参数dev_pid为识别语言的种类，默认为普通话（输入法模式），该参数的具体内容见表4.1。

表4.1　识别语言的种类

dev_pid	语言的种类	是否有标点	备　注
1537	普通话（输入法模式）	有	支持自定义词库
1737	英　语	无	不支持自定义词库
1637	粤　语	有	不支持自定义词库
1837	四川话	有	不支持自定义词库
1936	普通话远场（远场模式）	有	不支持自定义词库

修改代码之后，可以保存文件并运行代码，看看代码有没有错误，如果没有错误此时什么也不会显示。为了显示识别的结果，可以添加print()函数，即将代码

```
client.asr(get_file_content('output.wav'), 'wav', 16000, {
    'dev_pid': 1537,
})
```

改为

```
print(client.asr(get_file_content('output.wav'), 'wav', 16000, {
    'dev_pid': 1537,
}))
```

此时再运行代码则会显示如下信息：

```
{'corpus_no': '6971049204960148128', 'err_msg': 'success.', 'err_no': 0,
'result': ['开始。'], 'sn': '716456299991623073873'}
>>>
```

方法asr()的返回值是一个字典，其中包含的内容见表4.2。

表4.2　方法asr()的返回值

关键字	数值类型	说　明
err_no	int	错误码，详见技术文档中的错误信息
err_msg	string	错误码描述，详见技术文档中的错误信息，如果成功的话值为“success”
corpus_no	int	语音数据标识，系统内部产生，用于调试
sn	int	
result	list	识别结果数组，提供1～5个候选结果

这里返回的信息表示语音识别成功，程序识别出之前语音中说的内容为“开始”。如果我们希望直接输出识别的内容，则对应代码如下：

```
from aip import AipSpeech
```

```
"你的APPID AK SK "
APP_ID = '你的AppID'
API_KEY = '你的API Key'
SECRET_KEY = '你的Secret Key'

client = AipSpeech(APP_ID, API_KEY, SECRET_KEY)

#读取文件
def get_file_content(file_path):
  with open(file_path, 'rb') as fp:
    return fp.read()
#识别本地文件
result = client.asr(get_file_content('output.wav'), 'wav', 16000, {
    'dev_pid': 1537,
})

print(result['result'][0])
```

至此我们就利用百度的语音识别服务实现了语音到文本的转换。

4.3 录制并识别语音

4.3.1 短语的录制与识别

上一节的示例我们只是完成了对计算机上一段语音的识别，本节我们在上一节示例的基础上实现一个录制语音之后直接进行识别的例子。

这个例子的过程很简单：

（1）录制一段语音并保存在计算机上。

（2）将保存在计算机上的语音文件传递给百度语音识别服务进行识别。

结合1.4节的内容以及上一节的知识，本节的示例代码如下：

```
from aip import AipSpeech
import pyaudio
import wave

"你的APPID AK SK "
```

```
APP_ID = '你的AppID'
API_KEY = '你的API Key'
SECRET_KEY = '你的Secret Key'

client = AipSpeech(APP_ID, API_KEY, SECRET_KEY)

#读取文件
def get_file_content(file_path):
  with open(file_path, 'rb') as fp:
    return fp.read()

#一次读取数据流的数据量，避免一次性的数据量太大
CHUNK = 1024

#采样精度
FORMAT = pyaudio.paInt16

#声道数
CHANNELS = 1

#采样频率
RATE = 16000

#录音时长，单位秒
RECORD_SECONDS = 2

while True:
  cmd = input("输入r开始录音")
  if cmd == 'r':
    p = pyaudio.PyAudio()

    stream = p.open(format = FORMAT,
                    channels = CHANNELS,
                    rate = RATE,
                    input = True,
                    frames_per_buffer = CHUNK)

    #录音开始
    print("开始录音")

    frames = []

    for i in range(0, int(RATE / CHUNK * RECORD_SECONDS)):
```

```
      data = stream.read(CHUNK)
      frames.append(data)

    #录音结束
    print("录音结束,开始识别")

    stream.stop_stream()
    stream.close()
    p.terminate()

    wf = wave.open("baiduAudio.wav", 'wb')
    wf.setnchannels(CHANNELS)
    wf.setsampwidth(p.get_sample_size(FORMAT))
    wf.setframerate(RATE)
    wf.writeframes(b''.join(frames))
    wf.close()

    #识别本地文件
    result = client.asr(get_file_content('baiduAudio.wav'), 'wav', 16000, {
      'dev_pid': 1537,
      })

    print(result['result'][0])


  elif cmd == 'q':
    print("程序结束")
  break

  else:
    print("输入错误")
```

这段代码中还是有一个简单的交互，即只有用户输入字母r才会开始录音并生成一个语音的数据文件，而语音文件保存的文件名为baiduAudio.wav，之后识别的也是文件baiduAudio.wav。另外如果用户输入字母q则会停止程序。至此，录制语音并直接进行识别的例子就完成了，运行程序时，输出的内容如下所示：

```
1  输入r开始录音r
2  开始录音
3  录音结束，开始识别
4  你好。
```

```
5  输入r开始录音r
6  开始录音
7  录音结束，开始识别
8  早上好。
9  输入r开始录音q
10 程序结束
>>>
```

为了方便说明，我在这段输出前面加了一个行号。运行程序时，首先显示第1行蓝色的提示内容，此时的提示信息是“输入r开始录音”，同时等待用户输入，用户的输入是黑色的，输入r并回车之后，会出现第2行。

第2行提示用户“开始录音”，此时我们可以对着计算机说2s内的短语，2s结束后出现第3行信息。

第3行提示用户“录音结束，开始识别”。

在第4行输出识别的结果。这里第4行识别我们刚才说的短语是“你好”。

第5行接着提示用户“输入r开始录音”，同时等待用户输入。如果用户输入的还是r，则重复上述过程。

第二次我们说的短语是“早上好”。到了第9行，当用户输入q时，程序结束，之后出现提示符>>>。

这就是整个程序运行的过程，不过在运行程序时，大家可能会感觉到录音的时间太短，而且也不灵活。接下来我们对程序稍作修改，实现一个能较灵活控制录音时长并完成识别的程序。

4.3.2　灵活控制录音时长并识别语音

上一节的程序中提示用户输入r开始录音，在新的示例中我们要求用户输入录制语音的时长来开始录音，假设录制语音的时间在2～60s（2是因为2s以上的短语才比较有意义，60是因为百度“短语音识别”服务要求语音时长不能超过60s），则程序要求用户输入的信息要在2～60，由此得到的程序如下：

```
from aip import AipSpeech
import pyaudio
import wave
```

```
"你的APPID AK SK "
APP_ID = '你的AppID'
API_KEY = '你的API Key'
SECRET_KEY = '你的Secret Key'

client = AipSpeech(APP_ID, API_KEY, SECRET_KEY)

#读取文件
def get_file_content(file_path):
  with open(file_path, 'rb') as fp:
    return fp.read()

#一次读取数据流的数据量，避免一次性的数据量太大
CHUNK = 1024

#采样精度
FORMAT = pyaudio.paInt16

#声道数
CHANNELS = 1

#采样频率
RATE = 16000

while True:
  cmd = input("输入录音的时长(2-60)s:")
  try:
    if int(cmd) >= 2 and int(cmd) <= 60:
      RECORD_SECONDS = int(cmd)
      p = pyaudio.PyAudio()

      stream = p.open(format = FORMAT,
                      channels = CHANNELS,
                      rate = RATE,
                      input = True,
                      frames_per_buffer = CHUNK)

      #录音开始
      print("开始录音")

      frames = []

      for i in range(0, int(RATE / CHUNK * RECORD_SECONDS)):
```

```
        print(str(
          int(i * 100/(RATE / CHUNK * RECORD_SECONDS))
          ) + "%")
        data = stream.read(CHUNK)
        frames.append(data)

      #录音结束
      print("录音结束,开始识别")

      stream.stop_stream()
      stream.close()
      p.terminate()

      wf = wave.open("baiduAudio.wav", 'wb')
      wf.setnchannels(CHANNELS)
      wf.setsampwidth(p.get_sample_size(FORMAT))
      wf.setframerate(RATE)
      wf.writeframes(b''.join(frames))
      wf.close()

      #识别本地文件
      result = client.asr(get_file_content('baiduAudio.wav'), 'wav', 16000, {
        'dev_pid': 1537,
        })

      print(result['result'][0])
    else:
      print("输入错误")
  except:
    if cmd == 'q':
      print("程序结束")
      break
    else:
      print("输入错误")
```

这段程序中我们改变了用户输入时的提示，由原来的“输入r开始录音”变为“输入录音的时长(2-60)s:”，接着判断输入的内容是否符合要求，由于这里要判断字符和数字，所以用try来进行测试。

输入的数字正确的话，即在2～60，则会将这个值赋值给变量RECORD_SECONDS，之后就是正常的录音加识别的代码。

另外我们在录音的过程中还增加了一个显示录音进度（以百分比的形式）的代码，具体操作就是显示变量i与总帧数RATE/CHUNK * RECORD_SECONDS)的比例。

保存并运行程序，输出内容如下（假设还是2s的录音时间，说的短语依然是“开始”）：

```
输入录音的时长(2-60)s:2
开始录音
0%
3%
6%
9%
12%
16%
19%
22%
25%
28%
32%
35%
38%
41%
44%
48%
51%
54%
57%
60%
64%
67%
70%
73%
76%
80%
83%
86%
89%
92%
96%
录音结束,开始识别
开始。
```

```
输入录音的时长(2-60)s:q
程序结束
>>>
```

4.3.3　多线程

上一个示例中显示录音进度的效果还可以通过多线程的形式来实现。多线程简单理解就是同时执行多个不同程序，比如可以一边录音，一边显示时间。

每个独立的线程都有一个程序运行的入口、顺序执行序列和程序的出口。但是线程不能独立执行，必须依存在应用程序中，由应用程序提供多个线程执行控制。

Python3中线程常用的两个模块为：

（1）_thread模块。

（2）threading模块（推荐使用）。

> **说　明**
>
> Python中原来的线程模块为thread模块，不过现在thread模块已被threading模块代替。而为了兼容性，Python3将thread重命名为"_thread"。

_thread提供了低级别的线程以及一个简单的对数据的锁定，相比于threading模块它的功能还是有限的。

threading模块除了包含_thread模块的所有方法外，还提供了以下方法：

（1）threading.currentThread()，返回当前的线程变量。

（2）threading.enumerate()，返回一个包含正在运行的线程的list。正在运行指线程启动后、结束前，不包括启动前和终止后的线程。

（3）threading.activeCount()，返回正在运行的线程数量，与len(threading.enumerate())有相同的结果。

除了使用方法外，线程模块同样提供了Thread类来处理线程，Thread类提供了以下方法：

（1）run()，用于运行线程。

（2）start()，启动线程活动。

（3）join([time])，阻塞运行等待至线程中止，其中time表示可选的超时参数。

（4）isAlive()，返回线程是否是活动的。

（5）getName()，返回线程名。

（6）setName()，设置线程名。

我们可以直接从threading.Thread继承并创建一个新的子类，实例化后调用start()方法启动新线程。如果在录音的时候不停显示时间表示录音的进入，则对应代码如下：

```
from aip import AipSpeech
import pyaudio
import wave
import threading
import time

"你的APPID AK SK "
APP_ID = '你的AppID'
API_KEY = '你的API Key'
SECRET_KEY = '你的Secret Key'

client = AipSpeech(APP_ID, API_KEY, SECRET_KEY)

#读取文件
def get_file_content(file_path):
  with open(file_path, 'rb') as fp:
    return fp.read()

#一次读取数据流的数据量，避免一次性的数据量太大
CHUNK = 1024

#采样精度
FORMAT = pyaudio.paInt16

#声道数
CHANNELS = 1

#采样频率
RATE = 16000
```

```
class myThread (threading.Thread):
  def __init__(self, threadID, name, counter):
    threading.Thread.__init__(self)
    self.threadID = threadID
    self.name = name
    self.counter = counter
  def run(self):
    while self.counter:
      print(time.strftime("%Y-%m-%d %H:%M:%S", time.localtime()))
      time.sleep(1)
      self.counter -= 1
    print ("退出线程: " + self.name)

while True:
  cmd = input("输入录音的时长(2-60)s:")
  try:
    if int(cmd) >= 2 and int(cmd) <= 60:
      RECORD_SECONDS = int(cmd)
      p = pyaudio.PyAudio()

      stream = p.open(format = FORMAT,
                      channels = CHANNELS,
                      rate = RATE,
                      input = True,
                      frames_per_buffer = CHUNK)

      #录音开始
      print("开始录音")

      #创建新线程
      thread1 = myThread(1, "Thread-1", RECORD_SECONDS)
      #启动线程
      thread1.start()

      frames = []

      for i in range(0, int(RATE / CHUNK * RECORD_SECONDS)):
        data = stream.read(CHUNK)
        frames.append(data)

      #录音结束
      print("录音结束,开始识别")
```

```
            stream.stop_stream()
            stream.close()
            p.terminate()

            wf = wave.open("baiduAudio.wav", 'wb')
            wf.setnchannels(CHANNELS)
            wf.setsampwidth(p.get_sample_size(FORMAT))
            wf.setframerate(RATE)
            wf.writeframes(b''.join(frames))
            wf.close()

            #识别本地文件
            result = client.asr(get_file_content('baiduAudio.wav'), 'wav', 16000, {
                'dev_pid': 1537,
                })

            print(result['result'][0])
        else:
            print("输入错误")
    except:
        if cmd == 'q':
            print("程序结束")
            break
        else:
            print("输入错误")
```

运行上面这段代码，输出的内容如下（这里语音信息为“这是一个多线程的程序”）：

```
输入录音的时长(2-60)s:10
开始录音
2021-06-08 16:46:20
2021-06-08 16:46:21
2021-06-08 16:46:22
2021-06-08 16:46:23
2021-06-08 16:46:24
2021-06-08 16:46:25
2021-06-08 16:46:26
2021-06-08 16:46:27
2021-06-08 16:46:28
2021-06-08 16:46:29
录音结束,开始识别
```

```
退出线程：Thread-1
这是一个多线程的程序。
输入录音的时长(2-60)s:q
程序结束
>>>
```

4.3.4　语音识别词库设置

通过使用平台语音识别服务，我们会发现对于常用词汇的识别，结果的准确率还是非常高的，但对于一些特定词汇，尤其是个人生活中的一些词汇，结果就不是太理想了，为此可以在百度“短语音识别”服务中的“识别词库”中设置识别词库。

要自定义识别词库，可以点击图4.9中界面下方“语音识别高级设置”中的“语音识别词库设置”。这里能够以文本的形式上传识别自定义词条，训练语言模型，提交的语料越多、越全，语音识别的效果提升也会越明显。

上传文本也很简单，只需要将需要进行语音训练的特定词汇一行一行地写入文本即可，比如：

祝融号启动

祝融发动

祝融前进

……

文本完成之后上传提交到网站，提交成功后的词库将在1小时内训练完成并生效。如果设置失败，在消息中心会收到通知，可以再次上传提交。

第5章　语音反馈与交互

现在我们已经实现了语音识别并能够将语音转换为文本，再加上一些必要的判断选择程序就能够实现通过语音进行交互。本章的内容就是围绕语音反馈与交互展开。

5.1　语音反馈

5.1.1　歌曲检索

作为本章的第一个例子，我们来完成从指定文件夹中检索歌曲。具体实现的功能是当用户说出一首歌曲名称之后，程序会尝试打开并播放这个名称的歌曲，比如“歌唱祖国”。如果没有找到对应的歌曲则显示“未找到对应的歌曲”。

基于4.3节的知识，这个示例的实现非常简单，具体过程如下：

（1）录制一段语音并保存在计算机上。

（2）将保存在计算机上的语音文件传递给百度语音识别服务进行识别。

（3）将识别结果的字符串结合“.mp3”变成对应的文件名。

（4）尝试打开对应的MP3文件。

（5）如果打开成功则播放对应的歌曲。

（6）如果打开不成功则提示“未找到对应的歌曲”。

基于这个流程完成的程序代码如下所示：

```
from aip import AipSpeech
from pygame import mixer
import pyaudio
import wave
import threading
import time

"你的APPID AK SK "
APP_ID = '你的AppID'
API_KEY = '你的API Key'
```

```
SECRET_KEY = '你的Secret Key'

client = AipSpeech(APP_ID, API_KEY, SECRET_KEY)

#读取文件
def get_file_content(file_path):
  with open(file_path, 'rb') as fp:
    return fp.read()

#一次读取数据流的数据量，避免一次性的数据量太大
CHUNK = 1024

#采样精度
FORMAT = pyaudio.paInt16

#声道数
CHANNELS = 1

#采样频率
RATE = 16000

#多线程
class myThread (threading.Thread):
  def __init__(self, threadID, name, counter):
    threading.Thread.__init__(self)
    self.threadID = threadID
    self.name = name
    self.counter = counter
  def run(self):
    while self.counter:
      print(time.strftime("%Y-%m-%d %H:%M:%S", time.localtime()))
      time.sleep(1)
      self.counter -= 1

    print ("退出线程：" + self.name)

#程序主循环
while True:
  cmd = input("依据歌曲名输入录音的时长(2-30)s:")
  try:
    RECORD_SECONDS = int(cmd)
    if int(cmd) >= 2 and int(cmd) <= 30:
      #1录制一段语音并保存在计算机上
```

```
p = pyaudio.PyAudio()

stream = p.open(format = FORMAT,
                channels = CHANNELS,
                rate = RATE,
                input = True,
                frames_per_buffer = CHUNK)

#录音开始
print("开始录音")

#创建新线程
thread1 = myThread(1, "Thread-1", RECORD_SECONDS)
#启动线程
thread1.start()

frames = []

for i in range(0, int(RATE / CHUNK * RECORD_SECONDS)):
  data = stream.read(CHUNK)
  frames.append(data)

#录音结束
print("录音结束,开始识别")

stream.stop_stream()
stream.close()
p.terminate()

wf = wave.open("baiduAudio.wav", 'wb')
wf.setnchannels(CHANNELS)
wf.setsampwidth(p.get_sample_size(FORMAT))
wf.setframerate(RATE)
wf.writeframes(b''.join(frames))
wf.close()

#2识别本地文件
result = client.asr(get_file_content('baiduAudio.wav'), 'wav', 16000, {
  'dev_pid': 1537,
  })

#3将识别结果的字符串结合“.mp3”变成对应的文件名
```

```
            mp3Name = result['result'][0].replace('。','.mp3')
            print(mp3Name)

            #4尝试打开对应的MP3文件
            try:
              #5如果打开成功则播放对应的歌曲
              f = open(mp3Name)
              f.close()

              mixer.init()
              mixer.music.load(mp3Name)
              mixer.music.play()
            except:
              #6如果打开不成功则提示“未找到对应的歌曲”
              print('未找到对应的歌曲')

          else:
            print("输入错误")
        except:
          if cmd == 'q':
            print("程序结束")
            break
          else:
            print("输入错误")
```

这段代码中对应前面介绍的步骤都有带数字标号的注释，这里我们再详细解释一下。第1步和第2步变化不大，第3步将识别结果的字符串结合“.mp3”变成对应的文件名，由于百度平台在识别语音内容时会在最后加一个句号，因此这里我们直接将句号替换为“.mp3”，就能够得到一个MP3文件的文件名。之后代码中使用try来尝试打开文件，如果打开成功则播放对应的文件。

这里要特别说明一下，我们之前使用的PyAudio模块是无法播放MP3文件的，所以这里使用了pygame模块中的mixer对象，具体是使用了这个对象的三个方法：初始化init()、加载文件load()和播放play()。为此我们需要先安装pygame模块，然后在程序的开头添加导入模块的代码。

程序运行之前，先将包含歌曲的MP3文件复制到.py文件相同的文件夹下。然后就可以试试歌曲检测的功能了，代码运行后显示内容如下：

```
依据歌曲名输入录音的时长(2-30)s:4
```

```
开始录音
2021-06-09 22:28:05
2021-06-09 22:28:06
2021-06-09 22:28:07
2021-06-09 22:28:08
录音结束,开始识别
退出线程：Thread-1
歌唱祖国.mp3
依据歌曲名输入录音的时长(2-30)s:
```

显示歌曲名之后应该就会响起对应的歌声，如果没有对应的歌曲则显示内容如下：

```
依据歌曲名输入录音的时长(2-30)s:4
开始录音
2021-06-09 22:31:24
2021-06-09 22:31:25
2021-06-09 22:31:26
2021-06-09 22:31:27
录音结束,开始识别
退出线程：Thread-1
生日快乐.mp3
未找到对应的歌曲
依据歌曲名输入录音的时长(2-30)s:
```

说　明

pygame是跨平台的Python模块，专为电子游戏设计，包含图像、声音等内容的处理。使用pygame可以让我们更关注游戏逻辑的实现。安装pygame的操作是打开cmd命令行工具，然后在其中输入：pip install pygame。

5.1.2 吟诗作对

在上一节的例子中，当我们说出的歌曲存在时，会直接播放对应的音乐，但是当没有歌曲的文件时，则只是文字显示“未找到对应的歌曲”，我们需要一直留意显示的信息。如果希望程序能够直接“说”出来“未找到对应的歌曲”，那么可以考虑使用能将文字转换成语音的pyttsx3模块。

pyttsx3模块是一个本地的文字转语音模块，支持英文、中文，同时还可以调节语速、语调等。使用pyttsx3模块的第一步依然是先安装，在cmd命令行工具中输入

```
pip install pyttsx3
```

模块安装好之后，在代码中先导入模块

```
import pyttsx3
```

由于让程序“说话”需要先获取一个语音引擎，所以接下来要调用模块的初始化函数init()。第一次调用init()时，会返回一个pyttsx3的引擎对象，再次调用时，如果存在对象实例，就会使用现有的，否则再重新创建一个。初始化的时候是根据操作系统类型来调用的，默认使用当前操作系统可以使用的最好的驱动。因此初始化的代码为

```
engine = pyttsx3.init()
```

接着使用对象的say()方法发声并使用runAndWait()方法等待发声完成就能够让程序“说话”了。如果修改上面的代码，则是在程序的开始增加导入和初始化的代码：

```
import pyttsx3
engine = pyttsx3.init()
```

然后在程序的第6步增加“说”的代码，即在

```
#6如果打开不成功则提示“未找到对应的歌曲”
print('未找到对应的歌曲')
```

之后增加代码

```
engine.say("未找到对应的歌曲,换一首试试")
engine.runAndWait()
```

这个操作大家可以自己尝试一下，增加了这4行代码之后，再运行程序，此时如果未找到我们说出的歌曲，程序会通过语音提示“未找到对应的歌曲，换一首试试”。

程序正常“说话”之后，我们再来看看怎样调节语速和语调。获取引擎的参数可以使用方法getProperty(name)，这个方法当中需要包含一个具体属

性的名称，可选的属性有rate（语速，即以每分钟的字数表示的语音速率，默认为每分钟200个）、volumn（音量大小，0.0～1.0；默认1.0）以及vioces（发音人，通常不用设置，包含中文发音人和英文发音人），类似地设置引擎参数的方法为setProperty(name, value)，其中，参数name表示属性的名称，value表示属性的值。如果我们希望加快“说话”的速度，可以在say()方法之前添加类似下面的代码：

```
engine.setProperty('rate', 260)
```

掌握了pyttsx3模块的基本用法之后，接下来实现一个对诗的小程序。具体功能是当用户说出两句诗中的上半句之后，程序会对出来下半句。

实现这个功能最直观的想法就是在获得语音识别的结果之后，通过选择结构来判断是否有对应的一句，然后相应地“说”出下一句即可。只是如果这样操作，整个程序就会显得很大，而且扩展性不好。这里我们换一种实现的形式，具体过程如下：

（1）准备工作：先将要识别的所有诗句存在一个txt文本当中，文本的文件名为poem.txt，文本格式为每一句诗占一行，不要标点符号。

（2）接下来是程序部分，同样地先录制一段语音并保存在计算机上。

（3）将保存在计算机上的语音文件传递给百度语音识别服务进行识别。

（4）得到识别结果之后，打开poem.txt文件，逐行进行比对。

（5）如果找到了对应的内容，则“说”出下一句。

（6）如果没找到对应的内容，则“说”出“不好意思，这句我不会”。

基于上述过程完成的程序代码如下所示：

```
from aip import AipSpeech
import pyaudio
import wave
import threading
import time
import pyttsx3

"你的APPID AK SK "
APP_ID = '你的AppID'
API_KEY = '你的API Key'
```

```
SECRET_KEY = '你的Secret Key'

client = AipSpeech(APP_ID, API_KEY, SECRET_KEY)

#读取文件
def get_file_content(file_path):
  with open(file_path, 'rb') as fp:
    return fp.read()

#一次读取数据流的数据量，避免一次性的数据量太大
CHUNK = 1024

#采样精度
FORMAT = pyaudio.paInt16

#声道数
CHANNELS = 1

#采样频率
RATE = 16000

RECORD_SECONDS = 5

engine = pyttsx3.init()

#多线程
class myThread (threading.Thread):
  def __init__(self, threadID, name, counter):
    threading.Thread.__init__(self)
    self.threadID = threadID
    self.name = name
    self.counter = counter
  def run(self):
    while self.counter:
      print(time.strftime("%Y-%m-%d %H:%M:%S", time.localtime()))
      time.sleep(1)
      self.counter -= 1

#程序主循环
while True:
  cmd = input("按r键之间说出上半句:")
  if cmd == 'r':
    #2录制一段语音并保存在计算机上
```

```
p = pyaudio.PyAudio()

stream = p.open(format = FORMAT,
                channels = CHANNELS,
                rate = RATE,
                input = True,
                frames_per_buffer = CHUNK)

#录音开始
print("开始录音")

#创建新线程
thread1 = myThread(1, "Thread-1", RECORD_SECONDS)
#启动线程
thread1.start()

frames = []

for i in range(0, int(RATE / CHUNK * RECORD_SECONDS)):
  data = stream.read(CHUNK)
  frames.append(data)

#录音结束
print("录音结束,开始识别")

stream.stop_stream()
stream.close()
p.terminate()

wf = wave.open("baiduAudio.wav", 'wb')
wf.setnchannels(CHANNELS)
wf.setsampwidth(p.get_sample_size(FORMAT))
wf.setframerate(RATE)
wf.writeframes(b''.join(frames))
wf.close()

#3识别本地文件
result = client.asr(get_file_content('baiduAudio.wav'), 'wav', 16000, {
  'dev_pid': 1537,
  })


#4得到识别结果之后，打开文件poem.txt，逐行进行比对
```

```
        poem = result['result'][0].replace('。','\n')
        print(poem)
        f = open("poem.txt",'r',encoding = 'utf-8')
        while True:
          line = f.readline()

          if line != '':
            #5如果找到了对应的内容，则“说”出下一句
            if line == poem:
              line = f.readline()
              print(line)
              engine.say(line)
              engine.runAndWait()
              break
          else:
            #6如果没找到，则“说”“不好意思，这句我不会”
            engine.say('不好意思，这句我不会')
            engine.runAndWait()
            break
        f.close()

      elif cmd == 'q':
        print("程序结束")
        break
      else:
        print("输入错误")
```

我们准备的poem.txt文件内容如下：

```
秦时明月汉时关
万里长征人未还
但使龙城飞将在
不教胡马度阴山

春眠不觉晓
处处闻啼鸟
夜来风雨声
花落知多少

朝辞白帝彩云间
千里江陵一日还
两岸猿声啼不住
轻舟已过万重山
```

程序运行时，显示内容如下所示：

```
按r键之间说出上半句:r
开始录音
2021-06-10 09:18:05
2021-06-10 09:18:06
2021-06-10 09:18:07
2021-06-10 09:18:08
2021-06-10 09:18:09
录音结束，开始识别
春眠不觉晓

处处闻啼鸟

按r键之间说出上半句:
```

这里要注意如果我说的是诗的最后一句，比如“花落知多少”，那么由于文本文件中下一行为空，所以程序不会有任何反应，如下所示：

```
按r键之间说出上半句:r
开始录音
2021-06-10 09:18:17
2021-06-10 09:18:18
2021-06-10 09:18:19
2021-06-10 09:18:20
2021-06-10 09:18:21
录音结束，开始识别
花落知多少



按r键之间说出上半句:
```

如果希望程序反馈“你说的是最后一句”，可以在poem.txt文件中每首诗的最后一句后面加上一句“你说的是最后一句”，形式如下：

```
秦时明月汉时关
万里长征人未还
但使龙城飞将在
不教胡马度阴山
你说的是最后一句
春眠不觉晓
处处闻啼鸟
```

```
夜来风雨声
花落知多少
你说的是最后一句
朝辞白帝彩云间
千里江陵一日还
两岸猿声啼不住
轻舟已过万重山
你说的是最后一句
```

poem.txt文件修改完成之后，不用重新启动程序，在之前的循环中再次说出诗句就能验证修改后的效果。

在这种形式下，只要扩充文本文件中诗词的数量，就能实现更多诗句的问答。

5.1.3　我爱背单词

实现了对诗的小程序后，这一节我们再来实现一个背单词的小程序。具体功能是程序运行时会随机出现一个英语单词，要求参与者说出这个单词的中文意思，如果正确，回答参与者“回答正确”，如果不正确，回答参与者“回答不正确”，并说出正确的意思。另外，这个程序中设定参与者说“退出”的时候程序会停止运行。

参照上一个示例的做法，我们先准备文本文件，这个文本文件的名字是englishWord.txt，文本内容格式为一行一个单词加中文意思，其中单词和中文意思之间用半角的逗号分隔。假设这个文档包含apple、banana、orange、lemon、watermelon这5个单词，则文本内容为

```
apple,苹果
banana,香蕉
orange,橙子
lemon,柠檬
watermelon,西瓜
```

文本创建之后，我们再来看一下程序的流程。

（1）读取文本内容。

（2）随机选择一个单词。

（3）显示并语音提示所选单词，要求参与者说出单词的中文意思。

（4）开始录音。

（5）录音结束，将音频保存在计算机上。

（6）将保存在计算机上的语音文件传递给百度语音识别服务进行识别。

（7）得到识别结果之后，对照单词的中文意思。

（8）如果回答为“退出”，则停止程序。

（9）如果两者内容一致，则回答参与者“回答正确”，同时回到第（2）步。

（10）如果两者内容不一致，则回答参与者“回答不正确”，并说出正确的意思。然后也回到第（2）步。

以上步骤可能后面的都操作过了，反而是第一步有点生疏。其实这种用逗号分隔内容的文件有一个专有的名称，叫做CSV文件。CSV是Comma-Separated Values（逗号分隔值，有时也称为字符分隔值，因为分隔字符可以不是逗号）的简写，其文件是以纯文本形式存储表格数据（数字和文本）。

CSV文件由任意数目的记录组成，记录间以换行符分隔；每条记录由字段组成，字段间的分隔符是其他的字符或字符串，最常见的是逗号或制表符。通常，所有记录都有完全相同的字段序列。

CSV是一种通用的、相对简单的文件格式，应用广泛。不过CSV文件格式的通用标准并不存在，使用的字符编码同样没有被指定。因此在实际中，CSV泛指具有以下特征的任何文件：

（1）纯文本，使用某个字符集。

（2）由记录组成（典型的是每行一条记录）。

（3）每条记录被分隔符分隔为不同字段（典型分隔符有逗号、分号或制表符）。

（4）每条记录都有同样的字段序列。

在这些常规的约束条件下，存在许多CSV变体，故CSV文件并不完全互通。不过，这些变异非常小，并且有许多应用程序允许用户预览文件，然后指定分隔符、转义规则等。如果一个特定CSV文件的变异过大，超出了特定接收程序的支持范围，那么可行的做法往往是人工检查并编辑文件，或通过简单的程序来修复问题。因此在实际使用中，CSV文件还是非常方便的。

处理CSV文件可以使用split()方法，该方法能够按照某个字符将文本信息分割开。我们先编写以下代码来读取之前创建的englishWord.txt文件。

```
f = open('englishWord.txt','r',encoding = 'utf-8')
while True:
  line = f.readline()
  if line != '':
    word = line.split(',')
    print(word)
  else:
    break

f.close()
```

运行程序时，对应显示的内容如下：

```
['apple', '苹果\n']
['banana', '香蕉\n']
['orange', '橙子\n']
['lemon', '柠檬\n']
['watermelon', '西瓜']
>>>
```

通过这个操作能看出来，split()方法会按照某个字符将文本信息分割开，变成一个列表。由于这里是通过逗号来分割，所以split()方法中的参数为“,”。如果要通过其他符号来分割，那么相应的改变这个参数就可以了。不过这里也能看出来分割之后，该条记录的最后一项还包含了一个换行符“\n”，如果想去掉换行符，可以使用strip()方法，对应代码如下：

```
f = open('englishWord.txt','r',encoding = 'utf-8')
while True:
  line = f.readline()
  if line != '':
    line = line.strip()
    word = line.split(',')
    print(word)
  else:
    break

f.close()
```

这样我们就得到了一个没有换行符的列表，内容如下：

```
['apple', '苹果']
['banana', '香蕉']
['orange', '橙子']
['lemon', '柠檬']
['watermelon', '西瓜']
>>>
```

说　明

strip()方法默认删除字符串开头和结尾的空白符（包括'\n'，'\r'，'\t'，' '）。如果只想删除字符串开头的空白符，可以使用方法lstrip()；如果想删除字符串结尾的空白符，可以使用方法rstrip()。

另外，如果只想删除换行符，还可以通过参数来指定，比如上面的操作中也可以写成

```
line = line.strip('\n')
```

接着我们添加代码来实现随机选择单词的操作，内容如下：

```
import random

words = []
f = open('englishWord.txt','r',encoding = 'utf-8')
while True:
  line = f.readline()
  if line != '':
    line = line.strip()
    words.append(line.split(','))

  else:
    break

f.close()

print(words)
print(random.choice(words))
```

这段程序首先是将取出的单词内容放到一个列表words中，然后使用random.choice()随机选取其中一项。在输出的内容中，先显示所有内容，然后显示选中的内容。可以多运行几次程序，看是否选择了列表中不同的单词。

后面的过程应该就比较熟悉了，基于这个流程完成的程序代码如下所示：

```
import random
from aip import AipSpeech
import pyaudio
import wave
import threading
import time
import pyttsx3

"你的APPID AK SK "
APP_ID = '你的AppID'
API_KEY = '你的API Key'
SECRET_KEY = '你的Secret Key'

client = AipSpeech(APP_ID, API_KEY, SECRET_KEY)

#读取文件
def get_file_content(file_path):
  with open(file_path, 'rb') as fp:
    return fp.read()

#一次读取数据流的数据量
CHUNK = 1024

#采样精度
FORMAT = pyaudio.paInt16

#声道数
CHANNELS = 1

#采样频率
RATE = 16000

RECORD_SECONDS = 2

engine = pyttsx3.init()

#多线程
class myThread (threading.Thread):
  def __init__(self, threadID, name, counter):
    threading.Thread.__init__(self)
    self.threadID = threadID
```

```
    self.name = name
    self.counter = counter
  def run(self):
    while self.counter:
      print(time.strftime("%Y-%m-%d %H:%M:%S", time.localtime()))
      time.sleep(1)
      self.counter -= 1

#1获取单词内容
words = []
f = open('englishWord.txt','r',encoding = 'utf-8')
while True:
  line = f.readline()
  if line != '':
    line = line.strip()
    words.append(line.split(','))

  else:
    break

f.close()

#提示游戏开始
print('欢迎使用我爱背单词小程序，请说出给出单词的意思')
engine.say('欢迎使用我爱背单词小程序，请说出给出单词的意思')
engine.runAndWait()

print('准备开始')
engine.say('准备开始')
engine.runAndWait()

while True:
  #2随机选取一个单词
  word = random.choice(words)

  #3显示并语音提示所选单词，要求说出单词的意思；
  print(word[0] + '的意思是...')
  engine.say(word[0])
  engine.runAndWait()
  engine.say('的意思是')
  engine.runAndWait()
```

```
#4录制一段语音并保存在计算机上
p = pyaudio.PyAudio()

stream = p.open(format = FORMAT,
                channels = CHANNELS,
                rate = RATE,
                input = True,
                frames_per_buffer = CHUNK)

#录音开始
print("开始录音")

#创建新线程
thread1 = myThread(1, "Thread-1", RECORD_SECONDS)
#启动线程
thread1.start()

frames = []

for i in range(0, int(RATE / CHUNK * RECORD_SECONDS)):
  data = stream.read(CHUNK)
  frames.append(data)

#5录音结束，将音频保存在计算机上
print("录音结束,开始识别")

stream.stop_stream()
stream.close()
p.terminate()

wf = wave.open("baiduAudio.wav", 'wb')
wf.setnchannels(CHANNELS)
wf.setsampwidth(p.get_sample_size(FORMAT))
wf.setframerate(RATE)
wf.writeframes(b''.join(frames))
wf.close()

#6将保存在计算机上的语音文件传递给百度语音识别服务进行识别
result = client.asr(get_file_content('baiduAudio.wav'), 'wav', 16000, {
                  'dev_pid': 1537,
                  })

#7得到识别结果之后，对照单词的意思
```

```
#8如果回答为“退出”，则停止程序
if result['result'][0] == '退出。':
    engine.say('退出程序')
    engine.runAndWait()
    print('程序退出')
    break;
else:
    #9如果两者内容一致，则回答“回答正确
    if result['result'][0] == word[1] + '。':
        print('回答正确')
        engine.say('回答正确')
        engine.runAndWait()
    else:
        #10如果两者内容不一致，则回答“回答不正确”
        print('回答错误')
        engine.say('回答错误，正确答案为')
        engine.runAndWait()
        engine.say(word[1])
        engine.runAndWait()
```

这段程序中要注意语音识别反馈的结果后面有一个句号，程序运行时显示内容如下所示：

```
欢迎使用我爱背单词小程序，请说出给出单词的意思
准备开始
apple的意思是...
开始录音
2021-06-12 17:14:45
2021-06-12 17:14:46
录音结束,开始识别
回答正确
orange的意思是...
开始录音
2021-06-12 17:14:53
2021-06-12 17:14:54
录音结束,开始识别
回答正确
banana的意思是...
开始录音
2021-06-12 17:15:15
2021-06-12 17:15:16
录音结束,开始识别
回答错误
```

```
lemon的意思是...
开始录音
2021-06-12 17:15:25
2021-06-12 17:15:26
录音结束,开始识别
程序退出
>>>
```

至此背单词的小程序就完成了，进一步还可以增加两个用来记录成绩的变量，一个保存答对的数量，一个保存答错的数量，最后在退出程序的时候给出一个对应的成绩提示，比如“本次测试总共答对××个单词，答错××个单词”。这个功能大家可以自己尝试添加一下，这里我们就不具体操作了。

因为之前提到过pygame模块，本人想增加一个图片显示的功能，即每次反馈回答是否正确之后，都会出现对应的一张图片。

要想显示图片首先需要有图片，对照englishWord.txt文件中的内容，下载5张水果的图片，将这些图片的大小调整为300×300像素，名字分别为apple.jpg、banana.jpg、orange.jpg、lemon.jpg和watermelon.jpg，如图5.1所示。

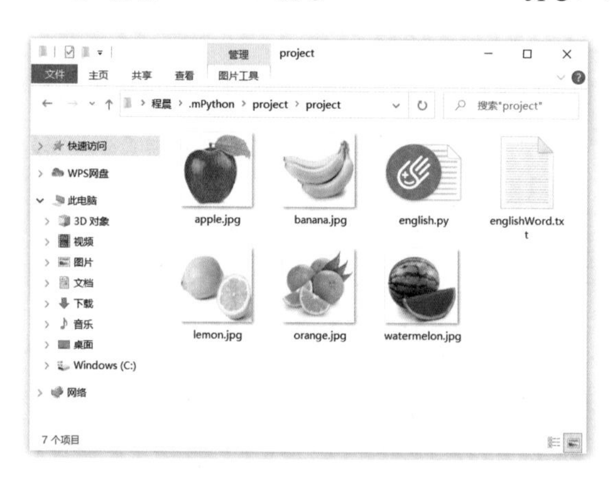

图5.1　准备需要的图片

注意：这些图片和.py文件以及englishWord.txt文件在同一个目录下。

准备好图片之后，下面来看如何显示图片。显示图片需要一个窗口，尝试在IDLE中输入如下指令：

```
>>> import pygame
pygame 2.0.1 (SDL 2.0.14, Python 3.6.6)
Hello from the pygame community. https://www.pygame.org/contribute.html
>>> pygame.init()
```

```
(7, 0)
>>> pygame.display.set_mode([300, 300])
<Surface(300x300x32 SW)>
>>>
```

这三句指令中第一句不用解释，导入pygame模块，导入成功，会显示对应的pygame模块版本信息，这也是检验pygame模块是否安装成功的一个手段。

接着第二句pygame.init()会初始化所有导入的pygame模块。不过当某一模块发生错误时，这个方法不会抛出异常，相对地，init()方法会返回一个元组，包括成功初始化的模块的数量以及发生错误的模块的数量。这里显示的信息表示成功初始化了7个模块，没有发生错误的模块。

第三句使用的是display模块中的set_mode()方法，这个方法就是用来创建窗口的，它有三个参数，第一个参数是窗口的像素大小，该参数是一个窗口宽度像素和高度像素组成的列表[宽度像素，高度像素]，这里我们只输入了第一个参数，对应图片大小参数值设为[300, 300]。如果一个参数都没有或第一个参数的值是[0, 0]，pygame会将窗口的像素大小设为当前屏幕的像素。此时就会出现一个背景为黑色的窗口，如图5.2所示。同时在IDLE中会出现这个窗口的对象。

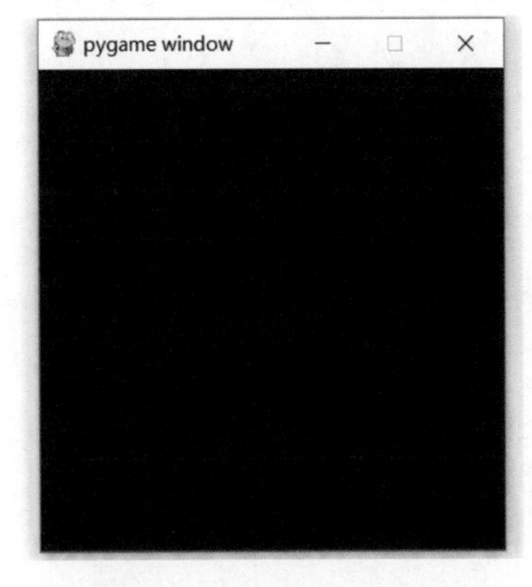

图5.2 生成的黑色窗口

set_mode()方法的第二个参数是用来设定窗口模式的，可选的模式如表5.1所示。

表5.1 窗口模式

序 号	模式值	说 明
1	pygame.FULLSCREEN	窗口全屏显示（像素不变）
2	pygame.DOUBLEBUF	创建一个“双缓冲”窗口，建议用于HWSURFACE或OPENGL
3	pygame.HWSURFACE	硬件加速，仅适用于全屏模式中
4	pygame.OPENGL	创建一个OpenGL渲染的窗口
5	pygame.RESIZABLE	窗口大小可通过鼠标调节
6	pygame.NOFRAME	窗口没有边框及控制按钮

set_mode()方法的第三个参数用来设定颜色的位数，即用多少位来表现颜色，这个参数值不建议设置，系统会选择最优值。

成功创建窗口之后，接着就可以在窗口中显示图片。新建一个文件（这个文件和图片文件在一个文件夹下），然后输入如下代码：

```
import pygame
pygame.init()
screen = pygame.display.set_mode([300, 300])

background = pygame.image.load('orange.jpg')

while True:
  screen.blit(background,(0, 0))
  pygame.display.update()
```

要想显示图片需要不断反复刷新，所以程序中有一个while循环。这里将之前pygame.display.set_mode([300, 300])这句话赋值给一个对象screen，这个对象就是之前的窗口对象。然后新加了4行代码，如果不算while True:这一行，实际上只有3行。

新加的第一行是加载一个图片到一个图片对象background中，这里使用的是pygame模块中image的load方法，其中的参数是要加载图像的地址，这里的图片名为orange.jpg。

新加的第二行screen.blit(background,(0, 0))是在wihle循环中不断绘制图像，其中有两个参数，第一个参数是绘制的图像资源，这里输入的是刚才定义的图片对象background，第二个参数是指图像放置在screen的什么位置，坐标以左上角为基准点，往右是x坐标增加，往下是y坐标增加。这里我们就让图片从左上角开始绘制。

图5.3　在窗口中显示图像

新加的第三行是刷新屏幕，如果不刷新，窗口中是不显示图片的。这里使用的是pygame模块中display的update方法。运行程序时显示效果如图5.3所示。

这样就实现了在窗口中显示图像的效果。将显示图片的代码添加到之前背单词的程序中，具体如下：

```
......
#提示参与者游戏开始
```

```
print('欢迎使用我爱背单词小程序，请说出给出单词的意思')
engine.say('欢迎使用我爱背单词小程序，请说出给出单词的意思')
engine.runAndWait()

print('准备开始')
engine.say('准备开始')
engine.runAndWait()

pygame.init()
screen = pygame.display.set_mode([300, 300])
background = pygame.image.load('orange.jpg')

while True:
  screen.blit(background,(0, 0))
  pygame.display.update()

  #2随机选取一个单词
  word = random.choice(words)
```

......

（1）在语音提示“准备开始”之后，初始化pygame模块，创建一个大小为300×300像素的窗口对象赋值给screen，加载一个图片到图片对象background中，这里使用的图片依然是orange.jpg，其实这里选择一张通用的背景图片更合适。

（2）while循环在选取单词之前不断绘制图像并刷新屏幕，这样就会出现显示图像的窗口。

（3）在代码的最后，判断回答是否正确的else程序块最后，根据所选择的单词（即word[0]中的值）更新图片对象background中的图片，实现更新显示的效果。对应代码如下：

```
......
#7得到识别结果之后，对照单词的意思
#8如果回答为“退出”，则停止程序
if result['result'][0] == '退出。':
  engine.say('退出程序')
  engine.runAndWait()
  print('程序退出')
  pygame.quit()
  break;
```

```
      else:
        #9如果两者内容一致，则回答“回答正确
        if result['result'][0] == word[1] + '。':
          print('回答正确')
          engine.say('回答正确')
          engine.runAndWait()

        else:
          #10如果两者内容不一致，则回答“回答不正确”
          print('回答错误')
          engine.say('回答错误，正确答案为')
          engine.runAndWait()
          engine.say(word[1])
          engine.runAndWait()

        background = pygame.image.load(word[0] + '.jpg')
```

（4）程序退出时，添加代码pygame.quit()关闭窗口。

此时，参与者回答问题之后，不但能得到语音的反馈，还能得到图片信息的反馈。

5.1.4　语音合成

利用计算机模拟语音的技术被称为语音合成，语音合成中最重要的是将文字转换成语音（TTS：Text to Speech），它是将计算机自己产生的或外部输入的文字信息转变为可以听得懂的、流利的汉语口语输出的技术。

语音合成和语音识别技术是实现人机语音通信，建立一个有听和讲能力的口语系统所必需的两项关键技术。使计算机具有类似于人一样的说话能力，是当今时代信息产业的重要竞争市场。和语音识别相比，语音合成技术要相对好理解一些，相对来说也更成熟一些，并已开始向产业化方向成功迈进。

语音合成的主要问题是对一句话中词的切分以及语义分析。与传统的声音回放设备（系统）不同。传统的声音回放设备（系统），如磁带录音机，是通过预先录制声音然后回放来实现计算机“说话”的。这种方式无论是在内容、存储、传输或者方便性、及时性等方面都存在很大的限制。

为了合成高质量的语言，除了依赖各种规则，包括语义学规则、词汇规则、语音学规则外，还必须对文字的内容有很好的理解，涉及自然语言理解的问题。可以说，TTS不仅要应用数字信号处理技术，而且必须有大量的语言学知识的支持。上一节我们使用了一种本地的语音合成模块，应用这种模块发出的语音相对比较单调和机械，如果希望合成的语音更加自然，可以考虑利用百度“语音技术”中的“短文本在线合成”（见图4.2中的“语音合成”菜单）。

在图4.2中点击“语音合成”菜单下的“短文本在线合成”，会看到图5.4所示的界面。

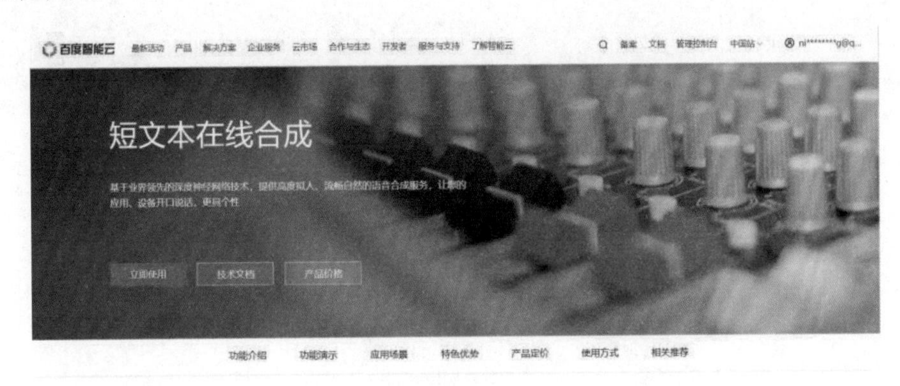

功能介绍

图5.4 “语音合成”菜单的“短文本在线合成”

在这个界面下方有一个功能演示的体验区，如图5.5所示。

用户通过这个体验区可以直观感受短文本在线语音合成后的效果。体验区主体由左右两个区域构成，左侧为文本输入区，这里可以输入需要合成为语音的文本，右侧为声音类型选择区，分为三大类：臻品音库、精品音库和普通音库。其中，臻品音库包括8种声音类型（见图5.5），精品音库包括7种声音类型，而普通音库只有四种基本的声音类型（磁性男声、成熟男声、成熟女声和可爱女声）。

选择好声音类型之后，还可以通过下方的三个拖动条调整语速、音调和音量。最后点击“播放”按钮就能听到合成的语音了。

大家可以根据选择的声音类型确定要使用哪种语音合成服务。

了解了语音合成中不同的声音类型之后，我们点击图5.4中的“技术文档”进入“语音合成”的功能使用说明页面，如图5.6所示。

图5.5　“短文本在线合成”功能演示

图5.6　“语音合成”服务的技术文档

在“技术文档”的界面中能看到，在“在线语音合成”中有很多不同的API接口，由于我们使用Python语言，所以这里选择“在线合成Python-SDK”，然后会出现简介、快速入门、接口说明和错误信息四个子菜单。

对于这个SDK，目前仅支持最多512字（1024字节)的音频合成，合成的文件格式为MP3。如果文本长度较长，可以采用多次请求的方式。

使用在线语音合成服务的过程可以简单地理解为两步：

（1）上传要合成语音的文本。

（2）云端服务处理后以MP3的形式返回结果。

执行这两步所用的方法为`synthesis()`，这个方法包含的参数见表5.2。

表5.2 synthesis()方法的参数

参 数	类 型	说 明	是否必须
text	字符串	合成的文本，使用UTF-8编码	是
language	字符串	语言选择，目前只有中英文混合模式，填写固定值zh	是
net	字符串	客户端类型，web端填写固定值1	是
spd	字 典	语速，取值0～9，默认为5，中语速	否
pit	字 典	音调，取值0～9，默认为5，中语调	否
vol	字 典	音量，取值0～15，默认为5，中音量	否
per	字 典	发音人选择，以基础音库为例：0为成熟女声，1为成熟男声，3为磁性男声，4为可爱女声 默认为成熟女声	否

可以使用语音识别中创建的语音技术对象，假如要合成文本“感谢使用百度语音合成”的语音，则示例代码如下：

```
result = client.synthesis('感谢使用百度语音合成','zh','1',
                          {"vol": 9,
                           "spd": 4,
                           "pit": 6,
                           "per": 3,
                          })


#识别正确返回语音二进制，错误则返回错误信息
#错误信息参照“技术文档”中的“错误信息”
if not isinstance(result, dict):
  f = open('audio.mp3', 'wb')
  f.write(result)
```

这里是将返回的结果保存到文件audio.mp3中，之后只要播放这个MP3文件即可。

5.2 掌控板录音

通过语音我们不但能够和计算机上的软件进行交互，结合百度语音技术这样的云端服务，还能够实现和硬件的交互，下面我们就通过掌控板实现与硬件的语音交互。

5.2.1 audio模块

使用掌控板录音及播放音乐首先要导入audio模块，这个模块中包含了音频相关的函数，常用的函数如下所示：

（1）audio.player_init()，用于音频播放初始化，为音频解码开辟缓存。

（2）audio.play(url)，用于播放本地或网络音频，目前只支持WAV和MP3格式的音频。参数url为音频文件路径，类型为字符串。可以是本地路径地址，也可以是网络上完整的URL地址。播放本地MP3音频由于受microPython文件系统限制和RAM大小限制，文件大于1M时基本很难下载。所以对音频文件的大小有所限制，要应尽可能地小。播放网络MP3音频时需先连接网络。

（3）audio.set_volume(vol)，用于设置音频音量，音量值参数vol的范围为0～100。

（4）audio.stop()，用于停止音频播放。

（5）audio.pause()，用于暂停音频播放。

（6）audio.resume()，用于恢复暂停播放的音频。

（7）audio.player_status()，用于获取系统是否处于音频播放状态，返回1，说明正处于播放中；返回0，说明播放结束，处于空闲状态。

（8）audio.player_deinit()，用于在音频播放结束后，释放缓存。

（9）audio.recorder_init()，用于录音的初始化。

（10）audio.record(file_name, record_time = 5)，用于录制音频。参数file_name为音频文件的文件名，record_time为录音时长，默认为5s。使用函数录制的音频以WAV格式存储。音频参数为8000Hz采样率、16位、单声道。使用录音函数时要注意录音时长还受文件系统空间限制，最大时长依实际情况而定。

（11）audio.recorder_deinit()，用于在录音结束后释放资源。

5.2.2 录制声音

因为本书的主题是语音识别，所以在了解了audio模块的函数之后，我们先来说如何录制声音。

如果使用的是mPython软件，那么可以在使用REPL时导入audio模块并查看一下模块中的函数，如下所示：

```
>>> import audio
>>> audio.
__class__         __name__         stop             loudness
pause             play             player_deinit    player_init
player_status     record           recorder_deinit
recorder_init     resume           set_volume       xunfei_iat
xunfei_iat_config                  xunfei_iat_record
xunfei_tts        xunfei_tts_config
>>> audio.
```

在上面的程序中我们能看到上一节介绍的函数，同时这里还能看到讯飞语音服务的一些函数。

录音主要使用和录音相关的三个函数，如果要实现按下掌控板A键就录音2s的功能，则代码如下：

```
import audio
from mpython import  *

rgb[0] = (0, 0, 0)
rgb.write()

while True:
  if button_a.value() == 0:
    audio.recorder_init()

    rgb[0] = (255, 0, 0)  #第一个RGB灯亮红灯
    rgb.write()
    audio.record('test.wav',2)
    audio.recorder_deinit()

    rgb[0] = (0, 0, 0)
    rgb.write()
```

这段代码通过控制第一个RGB灯来表示录音的状态。录音时第一个RGB灯为红色，录音完成后RGB灯熄灭。另外录音结束后，在掌控板的内部文件中会多出一个名为test.wav的文件，如图5.7所示。

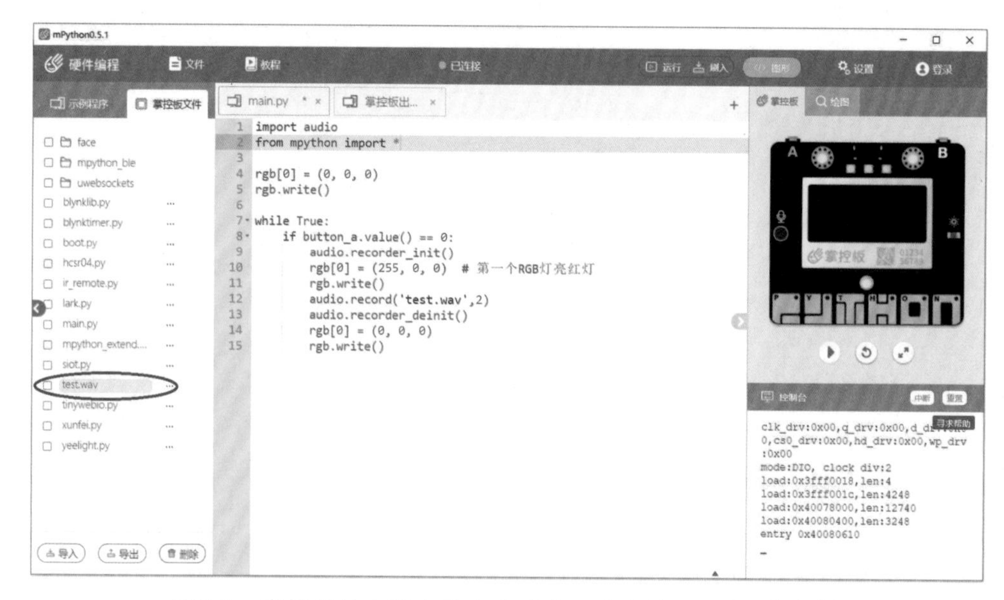

图5.7　掌控板的内部文件中会多出一个名为test.wav的文件

如果将这个文件导出到计算机中，就能通过计算机的播放器听到之前录制的内容。

5.2.3　播放声音

如果希望通过掌控板来播放录制的音频，则需要用到与播放声音相关的函数。这里要说明一下，掌控板播放声音并不是依靠掌控板背面的蜂鸣器，而是需要外接扬声器。audio模块使用P8和P9引脚作为音频解码输出，其中，P8对应左声道，P9对应右声道。像上面的程序是一个单声道音频，只要接一个引脚就可以了，对应播放音频的代码如下：

```
import audio
audio.player_init()                        #初始化
audio.play('test.wav')
audio.player_deinit()                      #播放结束,释放资源
```

5.3 掌控板语音识别

现在录音的功能已经实现，参照之前使用百度语音识别功能的过程，下一步需要将这个语音文件传递给百度语音识别服务进行识别，为此需要将掌控板连接到Wi-Fi上，使用掌控板mpython模块中的wifi类，基于wifi类创建对象的代码如下：

```
mywifi = wifi()
```

由于掌控板有两个Wi-Fi接口，所以创建wifi对象之后有sta对象和ap对象两个对象。

```
>>> mywifi.
__class__         __init__          __module__         __qualname__
__dict__          connectWiFi       disconnectWiFi     enable_APWiFi
disable_APWiFi    sta               ap
>>> mywifi.
```

针对这两个对象，wifi类的方法如下：

（1）wifi.connectWiFi(ssid, password, timeout = 10)，用于让掌控板连接网络，参数说明见表5.3。

表5.3 **wifi.connectWiFi(ssid, password, timeout = 10)参数说明**

参 数	说 明
ssid	所连接Wi-Fi网络的名称
password	所连接Wi-Fi网络的密码
timeout	连接超时，默认10s

（2）wifi.disconnectWiFi()，用于断开Wi-Fi连接。

（3）wifi.enable_APWiFi(essid, password, channel = 10)，用于使能Wi-Fi的无线AP模式，参数说明见表5.4。

表5.4 **wifi.enable_APWiFi(essid, password, channel = 10)参数说明**

参 数	说 明
essid	所创建的Wi-Fi网络的名称
password	所创建的Wi-Fi网络的密码
channel	设置Wi-Fi使用的信道，channel 1 ~ 13

（4）wifi.disable_APWiFi()，用于关闭AP模式。

如果使用wifi.connectWiFi()方法连接网络，则操作如下（使用REPL时）：

```
>>> mywifi.connectWiFi('你所连接网络的名称','你所连接网络的密码')
Connection WiFi........
WiFi('你所连接网络的名称',-49dBm) Connection Successful, Config:('192.168.1.35', '255.255.255.0', '192.168.1.1', '192.168.1.1')
>>>
```

这里输入正确的SSID与网络密码，回车后首先出现“Connetction WiFi........”的字样，成功连接之后，会出现“Connection Successful”的字样，同时会显示连接完成后掌控板对应的IP地址、子网掩码、网关、DNS等信息。当前我的掌控板IP地址为192.168.1.35。

另外，由于对于掌控板来说没有类似于baidu-aip模块这样的第三方模块，因此需要采用百度语音技术中“短语音识别标准版”提供的通用HTTP协议接口。

5.3.1　HTTP协议

在继续下面的内容之前，我们先了解一下HTTP协议。

HTTP协议（超文本传输协议，Hypertext Transfer Protocol）是基于C/S模式（即客户端/服务器模式，服务器负责数据的管理，客户端负责完成与用户的交互任务）进行通信的，是一个简单的请求-响应协议。它指定了客户端可能发送给服务器的消息类型以及服务器的响应方式。通信的时候，客户端向服务器发送请求，服务器按照指定的方式将信息反馈给客户端，因此服务器会一直查询是不是有客户端向自己发送请求。

HTTP协议最早是为使用网络浏览器上网浏览信息的场景而设计的，典型的HTTP通信过程如下：

（1）客户端与服务器建立连接。

（2）客户端向服务器提出请求。

（3）服务器接受请求，并根据请求返回相应的文件作为应答。

（4）客户端与服务器关闭连接。

通过这个过程能够看出客户端与服务器之间的HTTP连接是一种一次性连接，它限制每次连接只处理一个请求，当服务器返回本次请求的应答后便立即关闭连接，下次请求再重新建立连接。这种方式能够大大减轻服务器的负担，从而保持较快的响应速度。

客户端发送一个HTTP到服务器的请求消息包括请求行（request line）、请求头部（header）、空行和请求数据四个部分，如图5.8所示。

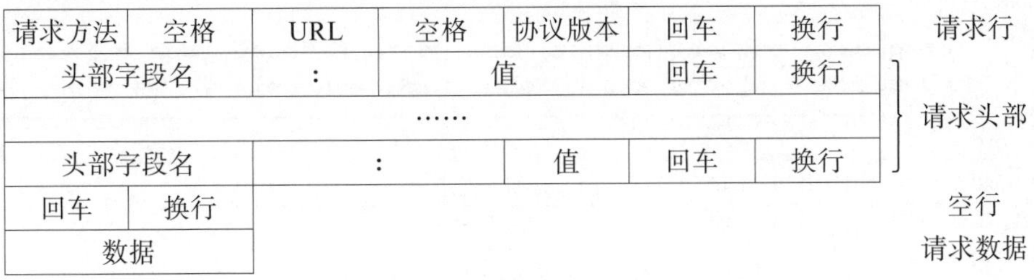

<table>
<tr><td>请求方法</td><td>空格</td><td>URL</td><td>空格</td><td>协议版本</td><td>回车</td><td>换行</td><td>请求行</td></tr>
<tr><td colspan="2">头部字段名</td><td>:</td><td colspan="2">值</td><td>回车</td><td>换行</td><td rowspan="3">请求头部</td></tr>
<tr><td colspan="7">……</td></tr>
<tr><td colspan="2">头部字段名</td><td colspan="2">:</td><td>值</td><td>回车</td><td>换行</td></tr>
<tr><td>回车</td><td>换行</td><td colspan="5"></td><td>空行</td></tr>
<tr><td colspan="2">数据</td><td colspan="5"></td><td>请求数据</td></tr>
</table>

图5.8 客户端发送HTTP请求包含的数据

请求行以一个表示方式的符号开头，以空格分开，后面跟着请求的URL和协议的版本。接下来的请求头部，用来说明服务器要使用的附加信息，比如HOST指出请求的目的地，User-Agent指出浏览器的信息，等等，然后就是空行和数据主体。注意：请求头部后面的空行是必须的。

5.3.2 HTTP的请求方式

根据HTTP标准，HTTP请求包含表5.5所列的九种方式。

表5.5 HTTP请求包含的九种方式

序 号	方 式	说 明
1	GET	请求指定的页面信息，并返回实体主体
2	HEAD	类似于GET请求，只不过返回的响应中没有具体的内容，用于获取报头
3	POST	向指定资源提交数据进行处理请求（例如提交表单或者上传文件），数据被包含在请求体中，POST请求可能会导致新的资源的建立或已有资源的修改
4	PUT	从客户端向服务器传送的数据取代指定的文档的内容
5	DELETE	请求服务器删除指定的页面
6	CONNECT	HTTP/1.1协议中预留给能够将连接改为管道方式的代理服务器
7	OPTIONS	允许客户端查看服务器的性能
8	TRACE	回显服务器收到的请求，主要用于测试或诊断
9	PATCH	是对PUT方式的补充，用来对已知资源进行局部更新

5.3.3　urequests模块

在掌控板中，可以使用urequests模块实现HTTP协议，urequests模块中包含处理HTTP协议请求与响应的对象urequests，对象的常用方法如下：

（1）urequests.request(method, url, data = None, json = None, headers = {}, params = None, files = None)，用于表示向服务器发送HTTP请求，其参数说明见表5.6。

表5.6　urequests.request(method, url, data = None, json = None, headers = {}, params = None, files = None)参数说明

参　数	说　明
method	要使用的HTTP方法
url	要发送的URL
data	要附加到请求的正文，如果提供字典或元组列表，则进行表单编码
json	JSON格式内容，用于附加到请求的主体
headers	要发送的标头字典
params	附加到URL的URL参数，如果提供字典或元组列表，则进行表单编码
files	用于文件上传，类型为2元组，其中定义了文件名、文件路径和content类型，例如，{'name', (file directory,content-type)}

（2）urequests.head(url, **kw)，用于发送HEAD请求，其中，参数url表示对象的URL，**kw表示request方法的参数。

（3）urequests.get(url, **kw)，用于发送GET请求，其中，参数url表示对象的URL，**kw表示request方法的参数。

（4）urequests.post(url, **kw)，用于发送POST请求，其中，参数url表示对象的URL，**kw表示request方法的参数。

（5）urequests.put(url, **kw)，用于发送PUT请求，其中，参数url表示对象的URL，**kw表示request方法的参数。

（6）urequests.patch(url, **kw)，用于发送PATCH请求，其中，参数url表示对象的URL，**kw表示request方法的参数。

（7）urequests.delete(url, **kw)，用于发送DELETE请求，其中，参数url表示对象的URL，**kw表示request方法的参数。

说　明

JSON（JavaScript Object Notation）是一种轻量级的数据交换格式。采用完全独立于编程语言的文本格式存储和表示数据。简洁和清晰的层次结构使得JSON成为理想的数据交换语言。易于阅读和编写，同时也易于机器解析和生成，有效地提升了网络传输效率。

JSON的数据格式很像字典，都是通过键值对来保存数据，不过JSON数据对象的类型是字符串。JSON的数据格式中一对键值（关键字与对应的值）之间用分号分隔，键值对之间用逗号分隔。而一个JSON的数据对象整个放在一对大括号中。

JSON的值可以是数字（整数或浮点小数）、字符串（放在引号之中）、布尔值（true或false）、数组（放在方括号中）、对象（放在大括号中）、null（空），甚至是另一个JSON对象或是JSON对象组成的数组（组成数组的话，这些JSON对象必须放在方括号内，并用逗号分隔开）。

5.3.4 百度短语音识别API

要想查看百度“短语音识别”服务中“短语音识别API”的说明，可以点击图4.4“短语音识别”服务技术文档中的“短语音识别API”菜单。

对于通用的HTTP接口，原始的语音文件支持PCM、WAV、AMR、M4A四种格式，录音参数为采样率16000或8000，16 bit位深，单声道。

调用过程如下：

（1）以POST方式创建识别请求，音频可通过JSON和RAW两种方式提交。

（2）短语音识别请求地址：http://vop.baidu.com/server_api。

（3）获得返回识别结果，识别结果采用JSON格式封装，如果识别成功，识别结果放在JSON的“result”字段中，统一采用utf-8方式编码。

这里我们以JSON格式进行说明。

使用JSON格式，`header`为

```
Content-Type:application/json
```

之后语音数据和其他参数通过标准JSON格式串行化POST上传，JSON里包括的参数见表5.7。

表5.7　JSON包括的参数

字段名	类　型	是否必须	说　明
format	string	必　填	语音文件的格式，PCM、WAV、AMR、M4A，不区分大小写
rate	int	必　填	采样率，16000或8000
channel	int	必　填	声道数，仅支持单声道，填写固定值1
cuid	string	必　填	用户唯一标识，用来区分用户，计算UV值。建议填写能区分用户的机器MAC地址或IMEI码，长度为60字符以内
token	string	必　填	开放平台获取的开发者access_token，由API_Key和Secret_Key组成
dev_pid	int	选　填	识别语言的种类，默认1537（普通话 输入法模式）
speech	string	必　填	本地语音文件的二进制语音数据 ，需要进行base64编码，与len参数连一起使用
len	int	必　填	本地语音文件的字节数，单位字节

基于以上的说明，通过掌控板实现语音识别示例的代码如下：

```
from mpython import  *
import audio
import urequests

def on_button_a_down(_):
  #当按下A键的时候开始录音并进行语音识别
  global audio_file
  oled.fill(0)
  oled.DispChar('正在录音，时长2秒...', 0, 0, 1)
  oled.show()

  #当录音时第一个RGB灯亮红色
  rgb[0] = (255, 0, 0)
  rgb.write()

  #开始录音
  audio.recorder_init()
  audio.record(audio_file, 2)
  audio.recorder_deinit()

  #录音完成后液晶显示正在识别语音文字
  oled.fill(0)
```

```
    oled.DispChar('正在识别语音文字 ...', 0, 0, 1)
    oled.show()

    #当识别时第一个RGB灯亮绿色
    rgb[0] = (0, 255, 0)
    rgb.write()

    #以POST方式发送请求
    baidu_params = {"API_Key":'你的API Key', "Secret_Key":'你的Secret Key'}
    _rsp = urequests.post("http://vop.baidu.com/server_api",
    files = {"file":(audio_file, "audio/wav")},
    params = baidu_params)
    try:
      #将返回响应的json格式的内容转换为字典类型
      baidu_iat_result = _rsp.json()
      if not "result" in baidu_iat_result:
        baidu_iat_result["result"] = ["ERRNO " + str(baidu_iat_result["err_no"])]
    except:
      baidu_iat_result = {"err_msg":"","result":["未能正确识别"]}

    #识别完成后显示返回的结果，同时显示'按下A键 开始录音'提示用户再次尝试
    oled.fill(0)
    oled.DispChar((baidu_iat_result["result"][0]), 0, 0, 1)
    oled.DispChar('按下A键 开始录音', 0, 16, 1)
    oled.show()

    #等待状态三个RGB灯都不亮
    rgb[0] = (0, 0, 0)
    rgb.write()

#连接Wi-Fi
SSID = "CMCC-DENG"          #这里要换成你的网络名称，CMCC-DENG是我的网络名称
PASSWORD = "你的网络密码"    #你的网络密码

mywifi = wifi()
mywifi.connectWiFi(SSID, PASSWORD)

#设置按键中断
button_a.irq(trigger = Pin.IRQ_FALLING, handler = on_button_a_down)
audio_file = 'test.wav'

#初始的时候在显示屏的低一行显示“按下A键 开始录音”
oled.fill(0)
```

```
oled.DispChar('按下A键 开始录音', 0, 0, 1)
oled.show()
```

这段代码是利用按键的中断来处理录音及语音识别，同时通过第一个RGB以及显示屏显示来指示不同的状态。比如初始状态时，RGB灯灭，显示屏显示“按下A键开始录音”，而录音时，第一个RGB灯亮红色，显示屏显示“正在录音，时长2秒…”，录音完成进行识别时，第一个RGB灯变为绿色，显示屏显示“正在识别语音文字 ...”，识别完成后，RGB灯又变为熄灭状态，显示屏显示识别结果，如果识别过程中发生错误，则显示屏显示的是错误信息。

另外，这里要注意调用请求方法后得到的是一个Response类的对象，这个对象有一个json()方法能够将返回响应的JSON格式的内容转换为字典类型。

通过这个程序能完成多次的语音识别，基于这个例子大家可以尝试在掌控板上实现之前的“我爱背单词”小程序。

> **说　明**
>
> 利用掌控板控制物理接口的能力，还可以通过掌控板实现对物理设备的语音控制，比如控制空调的开关、窗帘的开合、屋内灯的亮灭等。这些功能大家也可以自己尝试一下。

5.3.5　语音合成

了解了掌控板是如何实现语音识别之后，我们再介绍一下百度语音技术中基于通用的HTTP协议接口如何实现语音合成。

一样的，我们先看一下百度提供的技术文档，点击图5.6“语音合成”菜单中的“在线合成API接口”。

对于通用HTTP接口的百度语音合成服务，合成的文件格式为MP3、PCM（8k及16k）和WAV（16k），对于多音字可以通过标注自行定义发音，格式如：重(chong2)庆。另外当文本为中英文混合时，优先中文发音。

实现语音合成的过程如下：

（1）以POST方式创建合成请求，合成文本小于2048个中文字或者英文数字。

（2）语音合成请求地址：http://tsn.baidu.com/text2audio。

（3）获得合成后的音频文件。

创建合成请求时包含的参数见表5.8。

表5.8 创建合成请求时包含的参数

字段名	类 型	是否必须	说 明
text	string	必 填	合成的文本，使用UTF-8编码。小于2048个中文字或者英文数字，文本在百度服务器内转换为GBK后，长度必须小于4096字节
token	string	必 填	开放平台获取到的开发者access_token，由API_Key和Secret_Key组成
cuid	string	必 填	用户唯一标识，用来区分用户，计算UV值。建议填写能区分用户的机器MAC地址或IMEI码，长度为60字符以内
ctp	string	必 填	客户端类型选择，web端填写固定值1
lan	string	必 填	语言选择，目前只有中英文混合模式，填写固定值zh
spd	int	选 填	语速，取值0～15，默认为5，中语速
pit	int	选 填	音调，取值0～15，默认为5，中语调
vol	int	选 填	音量，取值0～15，默认为5，中音量
per	int	选 填	发音人选择，以基础音库为例：0为成熟女声，1为成熟男声，3为磁性男声，4为可爱女声，默认为成熟女声
aue	int	选 填	返回的音频格式，3为MP3格式(默认)，4为PCM-16k，5为PCM-8k，6为WAV（内容同PCM-16k）。注意aue = 4或者6是语音识别要求的格式，但是音频内容不是语音识别要求的自然人发音，所以识别效果会受影响

基于以上说明，通过掌控板实现语音合成的示例代码如下：

```
from mpython import *
import urequests
import audio

#连接Wi-Fi
SSID = "CMCC-DENG"            #这里要换成你的网络名称，CMCC-DENG是我的网络名称
PASSWORD = "你的网络密码"     #你的网络密码


mywifi = wifi()
mywifi.connectWiFi(SSID, PASSWORD)


poem = '故人西辞黄鹤楼，烟花三月下扬州，孤帆远影碧空尽，唯见长江天际流。'
audio_file = 'tts.mp3'
```

```
baidu_params = {"API_Key":'你的API Key', "Secret_Key":'你的Secret Key',
            "text":poem, "filename":audio_file}

_rsp = urequests.post("http://tsn.baidu.com/text2audio", params = baidu_params)

with open(audio_file, "w") as _f:
  while True:
    dat = _rsp.recv(1024)
    if not dat:
      _f.close()
      break
    _f.write(dat)

#播放合成的语音
audio.player_init()
audio.set_volume(100)
audio.play(audio_file)
```

第6章　语音助手

本书的最后一章我们来实现一个类似于智能音箱的语音助手项目，与智能音箱稍有不同，这个项目是由计算机上的程序与硬件配合完成，交互效果基本类似，即首先通过一个关键字“唤醒”语音助手，成功“唤醒”之后，“助手”会语音回复“有什么指示”，然后再根据进一步的语音指示执行相应操作。

6.1　本地语音识别模块

要想实现语音“唤醒”的功能，基于之前的内容，可以编写一段程序一直监听周围的声音，同时不断将这些声音基于网络服务进行识别，但是这种形式对网络的要求会比较高，而且需要为不断的云服务支付一定的费用。

或者可以基于第3章的内容，建立一个人工神经网络并设置学习模型，然后用一系列的语音数据进行训练，最后实现对唤醒词的识别。不过这种形式可能只能识别自己的声音，如果希望能识别大部分人的唤醒词发音，就需要大量的数据进行训练，在应用中也需要通过程序不断监听周围的声音。

为了让这个语音助手变成大家的语音助手，同时也不希望计算机中的程序一直处于监听状态，这里我们选择一款离线语音识别模块，作为完成“唤醒”功能的硬件。

6.1.1　Gravity I²C离线语音识别模块

Gravity I²C离线语音识别模块是DFRobot公司生产的一款离线语音识别模块，该模块集成了语音识别处理器以及一些外部电路，包括A/D（D/A）转换器、麦克风接口、声音输出接口等，使用时不需要外接任何辅助的Flash芯片、RAM芯片，识别内容可以动态编辑修改，最多可设置50项候选识别句，每个识别句可以是单字、词组或短句，长度不超过10个汉字或者79个字节的拼音串。模块正反面示意图如图6.1所示。

该模块采用I²C接口（接口介绍见下一节），是一款针对中文进行识别的模块。语音输入支持板载驻极体麦克风（咪头）、3.5mm麦克风输入以及3.5mm音频输入接口。板载红色电源指示灯和多色的识别模式及状态指示灯。使用时有循环模式、按钮模式、指令模式三种不同的语音识别模式，满足不同的识别场景需求。

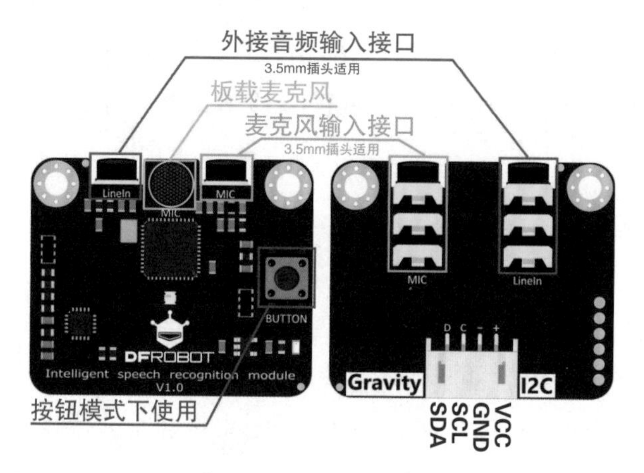

图6.1　Gravity I²C离线语音识别模块的正反面示意图

> **说　明**
>
> 音频输入接口与麦克风输入接口是不一样的。麦克风输入信号是没有经过处理的信号，电压一般在几毫伏到几百毫伏，而外接音频的电压通常是麦克风信号电压的1000倍。如果将外接音频音源接入麦克风输入接口，那么声音将出现失真。如果将麦克风音源接入音频输入接口，那么几乎没有声音。

Gravity I²C离线语音识别模块采用ICRoute公司设计的LD3320“语音识别”专用芯片，只需要在程序中设定好要识别的关键词语列表并下载到主控的芯片中，语音识别模块就可以对用户说出的关键词语进行识别，并根据程序进行相应处理。

简单理解这个模块就是将训练好的人工神经网络放在一个芯片中，让这个芯片完成一直监听周围环境声音并识别的工作。由于芯片内的模型已经训练好，所以不需要用户事先训练和录音就可以完成非特定人的语音识别，识别准确率高达95%。

6.1.2　I²C接口

离线语音识别模块采用I²C接口，本小节先介绍这个接口。

I²C（Inter-Integrated Circuit，还简写为IIC）接口是一种串行通信总线接口形式，使用主从架构，用于多个设备之间的通信，因为这种接口形式连线较少，并具有自动寻址、多主机时钟同步和仲裁等功能。因此，这种接口在各类实际应用中得到广泛应用。

在物理层面，I²C接口除了电源线之外，只有两根信号线，一根是双向的数据线SDA，另一根是时钟线SCL。所有接到I²C总线上的串行数据SDA都接到总线的SDA上，各设备的时钟线SCL接到总线的SCL上。由于所有设备都是接在一起的，为了避免总线信号混乱，要求各设备连接到总线的输出端时必须是漏极开路（OD）输出或集电极开路（OC）输出。设备上的串行数据线SDA接口电路应该是双向的，输出电路用于向总线发送数据，输入电路用于接收总线的数据。而串行时钟线SCL也应是双向的，作为控制总线数据传送的主机，一方面要通过SCL输出电路发送时钟信号，另一方面还要检测总线上的SCL电平，以决定什么时候发送下一个时钟电平；作为接受主机命令的从机，要按总线上的SCL信号发出或接收SDA上的信号，也可以向SCL线发出低电平信号以延长总线时钟信号周期。

I²C接口使用主从架构，因此总线上必须有一个主设备，所谓主设备是指启动数据的传送（发出启动信号）、发出时钟信号以及传送结束时发出停止信号的设备，总线的运行（数据传输）就是由主设备控制的。由于所有设备都接在一起，所以总线上的数据是所有设备都会接收到的，那么设备如何判断数据是不是发给自己的呢？总线中被主设备寻访的设备称为从设备。为了进行通信，实际上每个接到I²C总线的设备都有一个唯一的地址，便于设备寻访。主设备在和从设备进行数据传送时，会附带发送地址信息，这样从设备就知道这个信息是发送给自己的了。数据传送可以由主设备发送数据到从设备，也可以由从设备发到主设备。凡是发送数据到总线的设备称为发送器，从总线上接收数据的设备称为接收器。为了保证数据可靠地传送，任一时刻总线只能由某一台主设备控制。

6.1.3　I²C接口的应用

通过描述能够了解到带有I²C接口的模块是无法直接连接到计算机上的，所以这里要通过掌控板进行一个接口的转换。

掌控板上金手指引脚P19默认作为I²C接口的SCL，而引脚P20默认作为I²C接口的SDA，掌控板上的OLED和加速度传感器都接到这个I²C接口上。

程序层面，有一个I²C对象可实现I²C接口的使用，可以在使用REPL时通过TAB键查看一下对象的所有成员列表，如下所示：

```
>>> i2c.
__class__          readinto           start          stop
write              init               readfrom       readfrom_into
readfrom_mem       readfrom_mem_into                 scan
writeto            writeto_mem        writevto
>>> i2c.
```

I²C对象的主要方法如下：

（1）init(scl, sda, freq = 400000)，用于初始化I²C总线，参数说明见表6.1。

表6.1　**init(scl, sda, freq = 400000)的参数说明**

参　数	说　明
scl	用作SCL的引脚
sda	用作SDA的引脚
freq	SCL的时钟速率，默认为400000

（2）scan()，用于扫描0x08和0x77之间所有从设备的I²C地址，并返回有响应地址的列表。

（3）start()，用于在总线上产生一个起始信号（SDA在SCL为高电平时转换为低电平）。

（4）stop()，用于在总线上产生一个停止信号（SDA在SCL为高电平时转换为高电平）。

（5）readinto(buf, nack = True)，用于从总线读取字节并将它们存储到buf中。读取的字节数是buf的长度。在接收到除最后一个字节之外的所有字节之后，将在总线上发送ACK。接收到最后一个字节之后，如果nack为真，则发送NACK，否则将发送ACK（在这种情况下，从设备假定在稍后的调用中将读取更多字节）。

（6）write(buf)，用于将buf中的字节写入总线。检查每个字节后是否收到ACK，如果收到NACK，则停止发送剩余的字节。该函数返回已接收的ACK数。start()、stop()、readinto()和write()这四个方法属于I^2C总线最基础的操作，之后对总线的操作都是基于这4个基础操作实现的（包括对OLED以及加速度传感器的操作等）。

（7）readfrom(addr, nbytes, stop = True)，从设备地址为addr的从设备中读取nbytes个字节的数据。如果stop为真，则在传输结束时生成一个停止条件。该方法返回一个读取数据的bytes对象。

（8）readfrom_into(addr, buf, stop = True)，从设备地址为addr的从设备中读取数据放到buf当中。读取的字节数是buf的长度。如果stop为真，则在传输结束时生成一个停止条件。该方法无返回值。

（9）writeto(addr, buf, stop = True)，用于将buf中的字节写入地址为addr的从设备。如果从buf写入一个字节后收到NACK，则不会发送剩余的字节。如果参数stop为真，则即使收到NACK，也会在传输结束时产生停止信号。该方法的返回值为已接收的ACK数。

（10）writevto(addr, vector, stop = True)，用于将vector中包含的字节写入地址为addr的从设备。vector应该是具有缓冲协议的元组或对象列表。只需要发送一次addr，然后就会按顺序传送vector中的每个字节。vector中的对象长度可能为零字节，在这种情况下，不会发送任何数据。如果从vector写入一个字节后接收到NACK，则不发送剩余字节。如果stop为真，则即使收到NACK，也会在传输结束时产生停止信号。该方法的返回值为已接收的ACK数。

（11）readfrom_mem(addr, memaddr, nbytes, * , addrsize = 8)，用于从设备地址为addr的从设备中读取指定内存（或寄存器）地址memaddr的数据。方法参数说明见表6.2。

很多I^2C设备都可以看成一个能够读写的存储器器件，这样只需要按照内存地址来读写对应的数据就能够实现对从设备的操作。比如掌控板上板载的

MSA300加速度传感器，其对应的加速度值都是放在固定的内存地址的，只需要按照对应的地址读取数据就能够得到加速度值。

表6.2　**readfrom_mem(addr, memaddr, nbytes, * , addrsize = 8)**参数说明

参　数	说　明
addr	从设备地址
memaddr	内存地址
nbytes	读取的数据量
addrsize	从设备地址的位数，默认为8位
返回值	读取数据的bytes对象

（12）readfrom_mem_into(addr, memaddr, buf, * , addrsize = 8)，用于从设备地址为addr的从设备中读取指定内存地址memaddr的数据存在buf当中。读取的字节数是buf的长度。参数addrsize为从设备地址的位数，默认为8位。该方法无返回值。

（13）writeto_mem(addr, memaddr, buf, * , addrsize = 8)，用于从memaddr指定的内存地址开始，将buf写入addr指定的从设备中。参数addrsize为从设备地址的位数，默认为8位。该方法无返回值。

在《掌控Python 初学者指南》一书中，我们查询过OLED和加速度传感器的地址，这里我们再查询一下，操作如下：

```
>>> oled.addr
60
>>> accelerometer.addr
38
>>>
```

这里能看到OLED显示屏的I^2C地址为60，而加速度传感器的I^2C地址为38，其实通过I^2C对象的方法也能够查询已连接I^2C设备的地址，操作如下：

```
>>> i2c.scan()
[38, 60]
>>>
```

该方法返回的是一个列表，其中能看到对应的地址为38和60的两个I^2C设备。

下面我们尝试通过I^2C对象的方法操作加速度传感器。通过查询MSA300加速度传感器的数据手册能够获知在设备内十六进制地址为0x0f的寄存器是用来

存储和设置加速度值的测量范围以及加速度分辨率的，该寄存器每一位对应的值与参数之间的关系如表6.3所示（每一位只有0和1两种状态）。

表6.3 寄存器的值与参数之间的关系

Bit7	Bit6	Bit5	Bit4	Bit3	Bit2	Bit1	Bit0
				RESOLUTION[1:0]		FS[1:0]	

说明		
分辨率 RESOLUTION[1:0]	00	14位分辨率
	01	12位分辨率
	10	10位分辨率
	11	8位分辨率
测量范围 RANGE[1:0]	00	$\pm 2g$
	01	$\pm 4g$
	10	$\pm 8g$
	11	$\pm 16g$

我们尝试以下操作：

```
>>> accelerometer.set_range(accelerometer.RANGE_2G)
>>> accelerometer.set_resolustion(accelerometer.RES_10_BIT)
>>> i2c.readfrom_mem(38,0x0f,1)
b'\x08'
>>>
>>> accelerometer.set_range(accelerometer.RANGE_4G)
>>> accelerometer.set_resolustion(accelerometer.RES_12_BIT)
>>> i2c.readfrom_mem(38,0x0f,1)
b'\x05'
>>>
```

以上的操作中首先通过accelerometer对象的方法设置加速度值的测量范围是 $\pm 2g$，设置加速度分辨率为10位分辨率，此时查询设备内存地址为0x0f的数据，数据为0x08，对应二进制的值为0b00001000，即RESOLUTION[1:0]为10，而RANGE[1:0]为00，这与表6.3中的内容一致。接着通过accelerometer对象的方法设置加速度值的测量范围是 $\pm 4g$，设置加速度分辨率为12位分辨率，此时查询设备内存地址为0x0f的数据，数据为0x05，对应二进制的值为0b00000101，即RESOLUTION[1:0]为01，而RANGE[1:0]也为01，这也与表6.3中的内容一致。

我们可以通过accelerometer对象的方法设置加速度值的测量范围以及加速度分辨率，也可以通过直接修改寄存器的值来设置，以下操作

```
>>> i2c.writeto_mem(38,0x0f,'\x08')
>>>
```

与

```
>>> accelerometer.set_range(accelerometer.RANGE_2G)
>>> accelerometer.set_resolustion(accelerometer.RES_10_BIT)
>>>
```

实现的功能是等效的。

说 明

有时读取的寄存器值并不会显示为十六进制的形式，比如当设置加速度值的测量范围是±8g时，读取地址为0x0f的寄存器的值显示就是'\n'，如下所示：

```
>>> accelerometer.set_range(accelerometer.RANGE_8G)
>>> i2c.readfrom_mem(38,0x0f,1)
b'\n'
>>>
```

这是因为此时寄存器的值0x40对应ASCII码中的换行符'\n'。如果想查看对应的数值，可以使用ord()函数，对应操作如下：

```
>>> x = i2c.readfrom_mem(38,0x0f,1)
>>> ord(x)
10
>>> bin(ord(x))
'0b1010'
>>>
```

ord()函数是chr()函数（对于8位的ASCII字符串）或unichr()函数（对于Unicode对象）的配对函数，它以一个字符（长度为1的字符串）作为参数，返回对应的ASCII数值，或者Unicode数值。这里为了直观地看到二进制的值，还使用了bin()函数，通过输出的值能够看出此时RESOLUTION[1:0]为10，而RANGE[1:0]也为10。

6.1.4 外接语音识别模块

下面将Gravity I^{2}C离线语音识别模块通过扩展板连接到掌控板上（其实就

是将语音识别模块的SCL引脚连接到掌控板金手指引脚P19，将语音识别模块的SDA引脚连接到掌控板金手指引脚P20，由于掌控板的扩展引脚是金手指的形式，所以需要一个扩展板），连接后如图6.2所示。

图6.2　将Gravity I^{2}C离线语音识别模块通过扩展板连接到掌控板上

此时如果再次查询I^{2}C接口的I^{2}C设备，则显示结果如下：

```
>>> i2c.scan()
[38, 60, 79]
>>>
```

表示目前接口接了三个设备，地址分别为38、60和79，前两个设备对应加速度传感器和OLED，而79对应的就是刚刚连接的离线语音识别模块。

Gravity I^{2}C离线语音识别模块采用一种命令集的控制方式，即通过不同的数值表示不同的功能，通过对功能的组合实现对模块的操作，该模块的命令集见表6.4。

基于这个命令集，Gravity I^{2}C离散语音识别模块的初始操作流程如下：

（1）启动模块。

（2）设置工作模式（循环模式、按钮模式以及触发模式），识别模式指示灯蓝色代表循环模式、绿色代表按钮模式、白色代表触发模式。

循环模式下模块一直处于拾音状态，不停拾取环境中的声音并进行分析识别。当识别到录入的关键词后，指示灯会闪烁一次，提示使用者已准确识别。同一时间只能识别一个关键词，待指示灯闪烁后方可进行下一次识别。

表6.4 Gravity I^2C离散语音识别模块的命令集

序 号	功 能	命令数值
1	启 动	0xA1
2	开始写入识别词条	0xA2
3	结束写入识别词条	0xA3
4	运 行	0xA4
5	循环模式	0xA5
6	触发模式	0xA6
7	按钮模式	0xA7
8	麦克风输入	0xA9
9	外部音频输入	0xAA

按钮模式下识别模式指示灯常灭，此时模块处于休眠状态，对环境中的声音完全忽略，按钮被按下时会激活模块。模块被激活后，指示灯常亮绿色，识别到录入的关键词后，指示灯会闪烁一次，提示使用者已准确识别。同一时间只能识别一个关键词，待指示灯闪烁后方可进行下一次识别。

触发模式下识别模式指示灯也是常灭，此时模块处于休眠状态，对环境中的声音完全忽略。当说出唤醒关键词后激活模块。模块被激活后，指示灯常亮白色，识别到录入的关键词后，指示灯会闪烁一次，提示使用者已准确识别。同一时间只能识别一个关键词，待指示灯闪烁后方可进行下一次识别。唤醒时长为10s，在这10s内，每当识别到添加的关键词，唤醒时间就会刷新。如果10s内没有识别成功，模块会再次进入休眠状态。触发模式下，默认录入的第一个关键词作为唤醒指令，与指令识别的编号顺序无关。

本书中只实现循环模式，触发模式以及按钮模式大家可以自己尝试一下。

（3）设置输入接口，麦克风输入与外部音频输入二选一，当3.5mm耳机接口接入麦克风后，自动屏蔽板载麦克风。

（4）写入识别的词条。

（5）运行模块。

模块运行后，就可以不断获取模块的识别结果，然后通过模块的返回值进行对应的操作。假设实现一个识别词条“小诺”的程序，则对应代码如下：

```
from mpython import  *

#启动模块
```

```
i2c.writeto(79,'\xA1')
i2c.writeto(79,'\xA5')
i2c.writeto(79,'\xA9')
sleep(0.05)

#写入识别的词条
i2c.writeto(79,'\xA2\x01\x08')
i2c.writeto(79,'xiao nuo')
i2c.writeto(79,'\xA3')
sleep(0.05)

#运行
i2c.writeto(79,'\xA4')
sleep(0.05)

while True:
  #获取识别结果
  i2c.writeto(79,'\xA5')
  sleep(0.05)
  #输出显示识别结果
  print(ord(i2c.readfrom(79,1)))
  sleep(0.05)
```

这段程序将模块的工作模式设置为循环模式，输入为麦克风输入，接下来写入词条的过程需要单独说明一下，代码如下：

```
i2c.writeto(79,'\xA2\x01\x08')
```

其中，第二个参数包含三个字节，第一个字节\xA2对应为开始写入识别词条的命令数值；第二个字节\x01为识别词条对应的编号，最后模块返回的识别结果就是这个编号，没有找到对应的词条则返回255；第三个字节\x08为对应词条的字符数（包含空格），注意这里的词条不是中文，而是中文对应的拼音。

上面这行代码之后，就是写入对应的词条，对应代码为

```
i2c.writeto(79,'xiao nuo')
```

这里对应的词条为“小诺”的拼音，长度为8个字符。词条写入之后，再通过代码

```
i2c.writeto(79,'\xA3')
```

结束写入识别词条的操作。

然后程序就进入while循环不断获取模块的识别结果，注意在获取数据之前还需要执行一次设置工作模式的操作。程序运行时，在控制台中会看到输出的数值，大部分都是255，当我们对着麦克风用标准的普通话说出“小诺”之后，会在控制台中看到飘过的数值1（因为我们设置的词条编号为1）。

基于本地的语音识别模块本身就能够实现一些简单的语音操作，比如点亮或熄灭掌控板上的三个全彩LED，对应代码如下：

```
from mpython import  *

#启动模块
i2c.writeto(79,'\xA1')
i2c.writeto(79,'\xA5')
i2c.writeto(79,'\xA9')
sleep(0.05)

#写入识别的词条，1为小诺，2为开灯，3为关灯
i2c.writeto(79,'\xA2\x01\x08')
i2c.writeto(79,'xiao nuo')
i2c.writeto(79,'\xA3')
sleep(0.05)

i2c.writeto(79,'\xA2\x02\x08')
i2c.writeto(79,'kai deng')
i2c.writeto(79,'\xA3')
sleep(0.05)

i2c.writeto(79,'\xA2\x03\x09')
i2c.writeto(79,'guan deng')
i2c.writeto(79,'\xA3')
sleep(0.05)

#运行
i2c.writeto(79,'\xA4')
sleep(0.05)

while True:
  #获取识别结果
  i2c.writeto(79,'\xA5')
  sleep(0.05)
  x = ord(i2c.readfrom(79,1))
```

```
    if x == 1:
      print('有什么指示')
    if x == 2:
      rgb[0] = (255,255,255)
      rgb[1] = (255,255,255)
      rgb[2] = (255,255,255)
      rgb.write()
    if x == 3:
      rgb[0] = (0,0,0)
      rgb[1] = (0,0,0)
      rgb[2] = (0,0,0)
      rgb.write()

    sleep(0.05)
```

运行这段程序时，我们能通过语音控制掌控板上的三个全彩LED是发出白光还是熄灭。按照同样的方式还能够实现更多的语音控制。

说　明

在使用本地的语音识别模块时，如果在某些场合需要识别一些简单的外文或者纯方言发音，也可以用拼音标注的方法来实现。

例如，英文中的1、2、3可以用拼音标注为

```
one → wan
two → tu
three → si rui
```

6.2 语音唤醒

6.2.1 语音唤醒掌控板进行云端语音识别

在5.3节我们通过按键触发掌控板录音并实现语音识别，现在结合本地的语音识别模块，我们可以实现语音唤醒掌控板进行云端语音识别，对应代码如下：

```
from mpython import  *
import audio
import urequests

def mpython_asr():
  #开始录音并进行语音识别
  global audio_file
  oled.fill(0)
  oled.DispChar('有什么指示说出来吧，设备正在录音，时长2秒...', 0, 0, 1)
  oled.show()

  #当录音时第一个RGB灯亮红色
  rgb[0] = (255, 0, 0)
  rgb.write()

  #开始录音
  audio.recorder_init()
  audio.record(audio_file, 2)
  audio.recorder_deinit()

  #录音完成后液晶显示正在识别语音文字
  oled.fill(0)
  oled.DispChar('正在识别语音文字 ...', 0, 0, 1)
  oled.show()

  #当识别时第一个RGB灯亮绿色
  rgb[0] = (0, 255, 0)
  rgb.write()

  #以POST方式发送请求
  baidu_params = {"API_Key":'你的API Key', "Secret_Key":'你的Secret Key'}
  _rsp = urequests.post("http://vop.baidu.com/server_api",
              files = {"file":(audio_file, "audio/wav")},
              params = baidu_params)
  try:
    #将返回响应的json格式的内容转换为字典类型
    baidu_iat_result = _rsp.json()
    if not "result" in baidu_iat_result:
      baidu_iat_result["result"] = ["ERRNO " + str(baidu_iat_result["err_no"])]
  except:
    baidu_iat_result = {"err_msg":"","result":["未能正确识别"]}

  #识别完成后显示返回的结果，同时显示'再次唤醒我吧'提示用户再次尝试
```

```
    oled.fill(0)
    oled.DispChar((baidu_iat_result["result"][0]), 0, 0, 1)
    oled.DispChar('再次唤醒我吧', 0, 16, 1)
    oled.show()

    #等待状态下三个RGB灯都不亮
    rgb[0] = (0, 0, 0)
    rgb.write()

#连接Wi-Fi
SSID = "CMCC-DENG"          #这里要换成你的网络名称，CMCC-DENG是我的网络名称
PASSWORD = "你的网络密码"    #你的网络密码

mywifi = wifi()
mywifi.connectWiFi(SSID, PASSWORD)

#启动本地语音识别模块
i2c.writeto(79,'\xA1')
i2c.writeto(79,'\xA5')
i2c.writeto(79,'\xA9')
sleep(0.05)

#写入识别的词条，1为小诺，2为开灯，3为关灯
i2c.writeto(79,'\xA2\x01\x08')
i2c.writeto(79,'xiao nuo')
i2c.writeto(79,'\xA3')
sleep(0.05)

i2c.writeto(79,'\xA2\x02\x08')
i2c.writeto(79,'kai deng')
i2c.writeto(79,'\xA3')
sleep(0.05)

i2c.writeto(79,'\xA2\x03\x09')
i2c.writeto(79,'guan deng')
i2c.writeto(79,'\xA3')
sleep(0.05)

#运行语音识别模块
i2c.writeto(79,'\xA4')
sleep(0.05)

audio_file = 'test.wav'
```

```
#初始的时候在显示屏上显示“你好，我叫小诺，说出我的名字唤醒我”
oled.fill(0)
oled.DispChar('你好，我叫小诺，说出我的名字唤醒我', 0, 0, 1)
oled.show()

while True:
  #获取识别结果
  i2c.writeto(79,'\xA5')
  sleep(0.05)
  x = ord(i2c.readfrom(79,1))
  if x == 1:
    print('有什么指示')
    mpython_asr()
  if x == 2:
    rgb[0] = (255,255,255)
    rgb[1] = (255,255,255)
    rgb[2] = (255,255,255)
    rgb.write()
  if x == 3:
    rgb[0] = (0,0,0)
    rgb[1] = (0,0,0)
    rgb[2] = (0,0,0)
    rgb.write()

  sleep(0.05)
```

这段代码保留了开灯和关灯的操作，当我们说“小诺”的时候，掌控板的显示屏上会显示“有什么指示说出来吧，设备正在录音，时长2秒…”，录音完成进行识别时，显示屏显示“正在识别语音文字…”，识别完成后，显示屏显示识别结果，如果识别过程中发生错误，则显示屏显示的是错误信息，同时显示屏上会显示“再次唤醒我吧”，提示用户再次尝试。

6.2.2　serial模块

实现了语音唤醒掌控板进行云端的语音识别之后，接下来实现语音唤醒电脑程序进行云端语音识别，在实现这个功能的过程中，可以把掌控板和离线语音识别模块整体看成一个语音触发的硬件设备（如果选用串口通信形式的本地语音识别模块可以取代掌控板和Gravity I²C离线语音识别模块），当硬件设备识别到唤醒词之后，会通过串口给计算机发送一条信息，而计算机端的程序在收到信息之后，才会进行语音的反馈以及录音，并进行语音识别的操作，整个过程如图6.3所示。

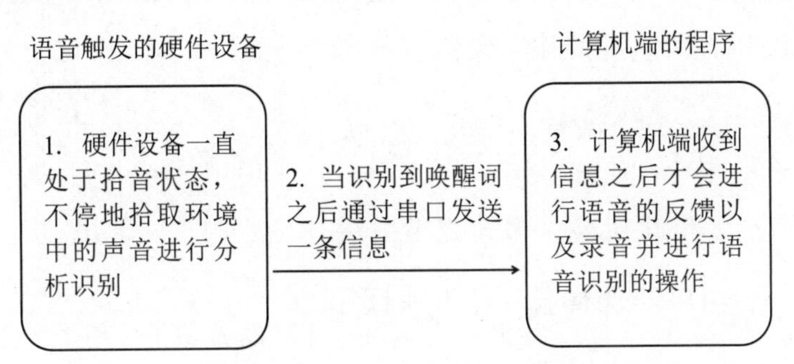

图6.3　语音唤醒计算机程序进行云端语音识别的过程

从这个过程能够看出，在实现语音唤醒计算机程序进行云端语音识别的操作中，串口通信是我们需要了解的新内容。

计算机端实现串口通信需要用到serial模块，这个模块封装了Python对串口的访问，为多平台的使用提供了统一的接口。

> **说　明**
>
> 如果导入serial库失败，可以通过命令pip insatll pyserial来安装。

如果要使用serial模块，首先要使用serial.Serial()生成一个实例化对象。生成实例化对象时需要设定通信的端口和波特率。可以通过以下代码查询目前计算机上可用的端口。

```
import serial.tools.list_ports

port_list = list(serial.tools.list_ports.comports())

if len(port_list) == 0:
  print('无可用串口')
else:
  for i in range(0,len(port_list)):
    print(port_list[i])
```

这里利用serial.tools.list_ports模块中的comports()函数，该函

数返回所有可用的串口，在返回的列表中选择正确的串口（选择错误会造成无法正常通信），本人计算机与掌控板连接的端口是COM9。

在《掌控Python 初学者指南》一书中介绍过波特率，对应交互式REPL的波特率为115200。因此实例化对象的代码如下：

```
import serial #导入模块
ser = serial.Serial("COM9",115200)
```

对于串口的实例化对象，包含以下方法：

（1）isOpen()，查看端口是否被打开。

（2）open()，打开端口。

（3）close()，关闭端口。

（4）read()，从端口读字节数据，默认1个字节。

（5）read_all()，从端口接收全部数据。

（6）write()，向端口写数据。

（7）readline()，读一行数据。

（8）readlines()，读多行数据。

（9）in_waiting()，返回接收缓存中的字节数。

（10）flush()，等待所有数据写出。

（11）flushInput()，丢弃接收缓存中的所有数据。

（12）flushOutput()，终止当前写操作，并丢弃发送缓存中的数据。

说 明

对于不同的平台来说，表示串口的字符也稍有不同，比如Linux系统中的串口通常为"/dev/ttyS1"，而在树莓派平台上的串口通常是"/dev/ttyAMA0"，Linux系统中的USB串口则是"/dev/ttyUSB0"。相对应的实例化对象的代码就是

```
ser = serial.Serial("/dev/ttyUSB0",115200) #Linux系统使用USB连接串行口
ser = serial.Serial("/dev/ttyAMA0",115200) #使用树莓派的串行口
ser = serial.Serial("/dev/ttyS1",115200)#Linux系统使用com1口连接串行口
```

6.2.3 语音反馈

基于serial模块本小节先来实现一个语音反馈的功能，具体来说就是当我们说出唤醒词（这里是“小诺”）之后，计算机会通过语音“说”出“有什么指示”。

程序分为两部分，掌控板中的程序和计算机上的程序。掌控板中的程序和6.1.4节最后的程序类似，不同的是这次当识别到唤醒词“小诺”之后，不是输出“有什么指示”，而是输出字符串“command”，对应代码如下：

```
from mpython import  *

#启动模块
i2c.writeto(79,'\xA1')
i2c.writeto(79,'\xA5')
i2c.writeto(79,'\xA9')
sleep(0.05)

#写入识别的词条
i2c.writeto(79,'\xA2\x01\x08')
i2c.writeto(79,'xiao nuo')
i2c.writeto(79,'\xA3')
sleep(0.05)

i2c.writeto(79,'\xA2\x02\x08')
i2c.writeto(79,'kai deng')
i2c.writeto(79,'\xA3')
sleep(0.05)

i2c.writeto(79,'\xA2\x03\x09')
i2c.writeto(79,'guan deng')
i2c.writeto(79,'\xA3')
sleep(0.05)

#运行
i2c.writeto(79,'\xA4')
sleep(0.05)

oled.fill(0)
oled.DispChar('你好，我叫小诺，说出我的名字唤醒我', 0, 0, 1)
oled.show()
```

```
while True:
  #获取识别结果
  i2c.writeto(79,'\xA5')
  sleep(0.05)
  x = ord(i2c.readfrom(79,1))
  if x == 1:
    print('command')
  if x == 2:
    rgb[0] = (255,255,255)
    rgb[1] = (255,255,255)
    rgb[2] = (255,255,255)
    rgb.write()
  if x == 3:
    rgb[0] = (0,0,0)
    rgb[1] = (0,0,0)
    rgb[2] = (0,0,0)
    rgb.write()

  sleep(0.05)
```

这样当掌控板上的程序运行时，如果识别到唤醒词“小诺”就会通过串口发送字符串“command”。完成掌控板中的程序后，再来看看计算机上的程序。计算机上程序的流程是一直查看串口是否收到数据，如果收到数据且数据为“command”，则调用本地的文字转语音模块pyttsx3，让计算机“说”出“有什么指示”，对应代码如下：

```
import pyttsx3
import serial

ser = serial.Serial("COM9",115200)

engine = pyttsx3.init()
engine.say("你好，我叫小诺，说出我的名字唤醒我")
engine.runAndWait()

if not ser.isOpen():
  ser.open()

while True:
  rec = str(ser.readline(),'utf-8')
  print(rec)
```

```
    if rec == 'command':
      engine.say("有什么指示")
      engine.runAndWait()
```

这段代码中，程序开始运行时会先“说”一句“你好，我叫小诺，说出我的名字唤醒我”，然后开始查看串口收到的数据，注意代码中使用了str()函数，该函数是将参数转换为字符串的形式，大家可能会有疑问，串口收到的数据本身不就是字符串的形式吗？这是因为掌控板发送的字符串是以“b'”开头的，表示这些字符都是以bytes为单位的，如果要将这些字符转换为正常的字符串，就要使用str()函数，而且函数中要加上表示文字编码的参数“utf-8”。另外，为了直观地看到计算机收到的字符，还使用print()函数输出显示对应的内容。

保证掌控板连接的情况下运行代码，计算机能够正常“说”出“你好，我叫小诺，说出我的名字唤醒我”，当我们说出唤醒词“小诺”之后，能看到在控制台显示了对应的字符串“command”，但程序并没有进入到下面的if语句“说”出“有什么指示”。这是因为在收到的字符串之后还包含回车换行符，程序判断它和“command”是不一样的，如果想去掉回车换行符，可以在接收字符串之后使用strip()方法，代码如下：

```
rec = rec.strip()
```

这样就得到了一个没有回车换行符的字符串。

说　明

在if语句中还可以直接在后面的字符串中加入转义字符进行判断，比如这里的if语句可以写成

```
if rec == 'command\r\n':
```

现在在保证掌控板连接的情况下运行代码，如果我们说出唤醒词“小诺”，则计算机就会回应“说”出“有什么指示”。

6.2.4 语音唤醒计算机程序进行云端语音识别

现在我们已经实现了掌控板与计算机的正常通信，本节就来通过语音唤醒电脑程序进行云端语音识别，所实现的功能是完成一个“吟诗作对2.0”的项目。

在之前的项目中，我们实现的功能是用户提问、程序回答，本节我们实现一个程序提问、用户回答，再由程序来判断用户的回答是否正确的例子。

参照之前项目的实现过程，本例实现的过程如下：

（1）准备工作：还是使用之前保存了诗句的文本文件。硬件方面，程序维持不变，依然是通过唤醒词“小诺”唤醒，唤醒之后通过串口发送字符串“command”。

（2）计算机端的程序部分。在while循环中一直检测是否在串口收到字符串“command”。

（3）收到字符串“command”之后，语音提示“我在，要找我对诗吗，我来说上句你来对下句”。

（4）从保存了诗句的文本文件中随机选择一句，同时将下一句也保存下来，然后通过语音将选择的那一句“读”出来。

（5）录制一段语音并保存在计算机上。

（6）将保存在计算机上的语音文件传递给百度语音识别服务进行识别。

（7）得到识别结果之后，将结果与保存的下一句进行比对。

（8）如果回答正确，则语音提示“回答正确”。

（9）如果回答不正确，则语音提示“回答错误”，同时“说”出正确答案。

基于这个流程完成的程序代码如下所示：

```
import pyttsx3
import serial
import random
from aip import AipSpeech
import pyaudio
import wave
import threading
import time
```

```
ser = serial.Serial("COM9",115200)

"你的APPID AK SK "
APP_ID = '你的AppID'
API_KEY = '你的API Key'
SECRET_KEY = '你的Secret Key'

client = AipSpeech(APP_ID, API_KEY, SECRET_KEY)

#读取文件
def get_file_content(file_path):
  with open(file_path, 'rb') as fp:
    return fp.read()

#一次读取数据流的数据量，避免一次性的数据量太大
CHUNK = 1024

#采样精度
FORMAT = pyaudio.paInt16

#声道数
CHANNELS = 1

#采样频率
RATE = 16000

RECORD_SECONDS = 5

engine = pyttsx3.init()

#多线程
class myThread (threading.Thread):
  def __init__(self, threadID, name, counter):
    threading.Thread.__init__(self)
    self.threadID = threadID
    self.name = name
    self.counter = counter
  def run(self):
  while self.counter:
    print(time.strftime("%Y-%m-%d %H:%M:%S", time.localtime()))
          time.sleep(1)
          self.counter -= 1
```

```
engine = pyttsx3.init()
engine.say("你好，我叫小诺，说出我的名字唤醒我")
engine.runAndWait()

if not ser.isOpen():
  ser.open()

while True:
  rec = str(ser.readline(),'utf-8')
  rec = rec.strip()

  #2判断是否被唤醒
  if rec == 'command':
    #3唤醒后语音提示
    engine.say("我在，要找我对诗吗，我来说上句你来对下句")
    engine.runAndWait()

    #4产生一个随机数，用于选择诗句
    #文本中有7首诗，每首诗可以选择1、3句，
    #因此要产生一个0到13的随机数
    randomNum = random.randint(0,13)

    #由于每首诗之间有一句“你说的是最后一句”
    #因此通过下面的公式将0到13的随机数转换成具体的行数
    randomNum = int(randomNum * 2 + randomNum/2)
    print(randomNum)

    #根据随机的行数选择诗句
    f = open("poem.txt",'r',encoding = 'utf-8')
    while True:
      line = f.readline()
      if randomNum == 0:
        break

      randomNum = randomNum - 1

    #读出选择的诗句
    engine.say(line)
    engine.runAndWait()

    #将下一行诗句保存下来作为答案
    line = f.readline()
```

```
f.close()

#5录制一段语音并保存在计算机上
p = pyaudio.PyAudio()

stream = p.open(format = FORMAT,
                channels = CHANNELS,
                rate = RATE,
                input = True,
                frames_per_buffer = CHUNK)

#录音开始
print("开始录音")

#创建新线程
thread1 = myThread(1, "Thread-1", RECORD_SECONDS)
#启动线程
thread1.start()

frames = []

for i in range(0, int(RATE / CHUNK * RECORD_SECONDS)):
  data = stream.read(CHUNK)
  frames.append(data)

#录音结束
print("录音结束,开始识别")

stream.stop_stream()
stream.close()
p.terminate()

wf = wave.open("baiduAudio.wav", 'wb')
wf.setnchannels(CHANNELS)
wf.setsampwidth(p.get_sample_size(FORMAT))
wf.setframerate(RATE)
wf.writeframes(b''.join(frames))
wf.close()

#6识别本地文件
result = client.asr(get_file_content('baiduAudio.wav'), 'wav', 16000, {
  'dev_pid': 1537,
  })
```

```
#7得到识别结果之后，将结果与保存的下一句进行比对
if result['result'][0].replace('。','\n') == line:
    #8回答正确
    engine.say('回答正确')
    engine.runAndWait()
else:
    #9回答错误
    engine.say('回答错误，正确答案是')
    engine.runAndWait()
    engine.say(line)
    engine.runAndWait()
```

保证掌控板连接的情况下运行代码，此时通过唤醒词唤醒之后，程序就会和我们对诗。至此，我们就完成了一个通过语音唤醒计算机的程序进行云端语音识别的例子。进一步地还可以增加唤醒之后点播歌曲以及查询天气等功能，这些内容大家可以按照之前介绍的思路自己尝试一下。

回到本书的开始，我们介绍的小爱同学、小度小度、天猫精灵、叮咚叮咚……这些身边出现的会和我们“聊天”的音箱，其实它们的实现原理和本节我们实现的示例原理差不多。只不过它们的集成度更高一些，比如核心的处理单元不是台式计算机，而是类似于树莓派之类的微型计算机，去掉了不必要的屏幕和输入信息的鼠标、键盘；再比如唤醒部分不是掌控板加离线语音识别模块，而是直接集成在系统中训练好的一段程序。

树莓派本身继承了Python，而且也有I^2C接口，因此大家也可以尝试将本节的示例移植到树莓派上，这样的语音助手就更像一个智能音箱了。